宸铁梅 孙艳艳◎主编
李荣 王晓迪◎副主编

国际科技动态跟踪

——现代农业

清华大学出版社
北京

内 容 简 介

农业是国之根本和基础,我国作为一个农业大国,虽然在很多方面走在了世界的前列,但是还有很多领域需要完善和提高。本书考察了世界几个主要国家近几年的农业政策,以及在精准农业、都市农业和食品安全等方面的技术和发展态势,总结了国外的先进经验,旨在为国内的从业者提供相应的借鉴和参考。

本书适合希望了解国际科技新动态的相关科研人员、爱好者参考阅读,也可以作为高等院校的选读教材。

图书在版编目(CIP)数据

国际科技动态跟踪. 现代农业/宸铁梅主编. --北京:清华大学出版社,2013
ISBN 978-7-302-32542-0

Ⅰ. ①国… Ⅱ. ①宸… Ⅲ. ①科技发展-概况-世界 ②现代农业-农业发展-概况-世界
Ⅳ. ①N11 ②F313

中国版本图书馆 CIP 数据核字(2013)第 108035 号

责任编辑:田在儒
封面设计:王丽萍
责任校对:李 梅
责任印制:宋 林

出版发行:清华大学出版社
    网   址:http://www.tup.com.cn,http://www.wqbook.com
    地   址:北京清华大学学研大厦 A 座   **邮 编:**100084
    社 总 机:010-62770175   **邮 购:**010-62786544
    投稿与读者服务:010-62776969,c-service@tup.tsinghua.edu.cn
    质 量 反 馈:010-62772015,zhiliang@tup.tsinghua.edu.cn

印 装 者:三河市春园印刷有限公司
经 销:全国新华书店
开 本:185mm×260mm   **印 张:**5   **字 数:**84 千字
版 次:2013 年 10 月第 1 版   **印 次:**2013 年 10 月第 1 次印刷
印 数:1~1000
定 价:42.00 元

产品编号:048666-01

丛书顾问

北京市科学技术委员会国际科技合作处

丛书编委会

主　任　李永进

副主任　吕志坚　宸铁梅　张　红
　　　　申红艳　孙艳艳

委　员　（以姓氏笔画为序）

王苏舰　王冠宇　王晓迪　丛　琳　吕华侨　李　纯
李　荣　李　萌　杨　萍　时艳琴　吴晨生　吴雅琼
范漪萍　孟　捷　赵升祥　赵　昆　胡琳悦　夏勇其
隆苏妍　童爱香　筱　雪　蔚晓川

目 录

第1章 农业政策

由于世界各国经济发展阶段的不同,其农业与非农业的关系也处于不同的发展阶段,这就导致了不同的国家对于农业的发展可能会实施不同的政策。发达国家为了实现农业发展目标,会采取一系列的农业政策对农业发展进行调控,譬如财政扶持、信贷支持、价格保护、农业保险等政策保护农业。这些政策的贯彻和执行,有力地促进了本国农业的发展,其中有不少政策值得我们去借鉴和参考。

1.1 美国农业部能源科学发展战略计划

关键词:可持续农业　能源　节能

2008 年 3 月,美国农业部(USDA)研究、教育和经济署(REE)制定了《能源科学发展战略》,通过充分发挥农业在解决能源问题方面的重要作用,建设充满活力的节能农村社区,为美国未来应对能源挑战、改善环境质量提供支持。研究、教育和经济署 2007 年 1 月曾发起一项关于能源的计划,2007 年 9 月在各项计划和评估的基础上组建了战略计划小组,会聚了该署各部门以及联邦其他各部署的核心力量,经共同磋商并吸取大学合作方的建议,最终制订了该战略计划。

计划确定了 2012 年欲实现的目标和策略,意在加强机构、高校和私人企业间的协调、合作,从而实现农业资源、基于自然资源的能源和生物产品的可靠性和可持续性,提高农村居民的健康水平,实现自然资源的可持续发展。

战略分为四方面,即可持续农业发展和基于自然资源的能源生产、农村可持续性生物经济、有效使用能源和能源节约、生物经济工作人员的发展。其中,第一方面的目标如下。

(1)为应对关键性的能源问题,更好地提供决策参考,建立用以支持经济和环境模型的数据系统的唯一入口。

(2)至少对两个适应区域发展的生产体系进行全面分析,并按照研究、教育和经济署的科学节约计划,不断开发生产高质量、节约成本、高效的原料。

（3）至少因地制宜地为区域能源生产展示两种可升级的资源转换位能源的技术。

（4）分别分析生物能源生产对国家和地方的环境和经济影响，开发针对地方的用来衡量生物能源生产影响的评价工具。

（5）为农民、能源生产厂家和农村地区考虑参与替代能源生产体系提供决策支持。

（6）对外开放有关给料特征的数据库。

（7）设立自愿的、企业激励的、可信的资格认证体系，保证生物能源生产可持续发展。

实现上述目标的主要途径如下。

（1）评价当前经济和生物物理影响模型，并开发新的模型，对地区能源生产及其产品的可持续性进行评价。

（2）收集遗传资源和生物信息及技术，为每个地区开发一种或更多种可持续性的能源作物或作物组合。

（3）为跨学科研究小组开发遗传、生产、收割、存储和转换技术和方法筹集资金，促进能源及其副产品的有用性。

（4）利用现有工具和手段以及合作资源促进升级技术、地区生物群研究等方面的研究和教育事业的发展，及时公布地方、区域和国家相关的决定。

（5）改进当前农业生产和自然资源开发利用的技术和工艺。

（6）建立并评价各种资料库确定生产过程中影响可持续性的关键因素。

（7）建立风险减缓和决策支持体系。

（8）加快可靠资格认证体系的开发和应用，确保生物能源的可持续性。

在此基础上，农业部将应用环境学、经济学和社会学分析工具开展相关活动和研究，如：加强产、学、研合作，对农民进行教育和培训，建设农业信息网络，推动农村生物能源和生物经济的发展，鼓励农村家庭和农场节能，最终实现战略的其他方面。

1.2 美国宣布农村小企业资助计划

关键词：影响力投资基金 投资率 小企业

2011 年 8 月 16 日，美国总统奥巴马在出席"白宫农村经济论坛"时宣布，政府将采纳白宫农村事务委员会的建议，实施新的资助计划，促进农村经济发展，创造更多就业机会。未来，小企业管理局（SBA）将与美国农业部（USDA）开展合作，通过小企业管理局的"影响力投资基金"（Impact Investment Fund），使政府对农村小企业的投资率在今后 5 年内翻一番,达到 3.5 亿美元。两部门还将开展一系列全国性的农村私募股本和风险投资研讨会,推动其开辟农村市场。此外,在就业方面,政府将把劳工部的工作检索和培训服务扩充至农业部位于全国各地的 2800 个分支站点,帮助农村人口就业。

1.3　美国能源部与农业部联合推进生物能源作物生产

关键词:生物能源　生物燃料　资助

美国能源部和农业部于 2011 年 8 月 11 日公布为 10 个有关研究项目提供的总额为 1220 万美元的资助,以实现生物燃料和生物能源作物种植效率的提高和成本的减少。这一行动是奥巴马政府发展国内可再生能源与先进生物燃料的扩展,有助于为美国能源需求提供更安全的未来,也为美国农业发展创造新的机会。

总体而言,农业部和能源部资助的 10 个项目的目的是提高生物燃料专业作物(包括特选的树种和草类)的产量、质量以及适应环境的能力。研究人员将采用最先进的基因学技术,对柳枝稷(图 1-1)、白杨、芒草(图 1-2)等多种植物的种植和培育方法进行研究。通过研究,这些作物在忍受干旱、劣质土壤等方面的能力将得到优化,使得它们可以在不适合粮食作物生长的土地上生长,从而避免因这类作物的种植影响粮食生产,农民也可以在原有作物种植的基础上额外种植这些作物。因此,此类研究发挥的作用甚广,既能减少美国对国外石油的依赖,也能增加农民的选择。

图 1-1　柳枝稷　　　　　　　　图 1-2　芒草

受资助的研究项目分别在加利福尼亚州、科罗拉多州、伊利诺伊州、佛罗里达州、堪萨斯州、密苏里州、俄克拉何马州、南卡罗来纳州和弗吉尼亚州展开。

2011 年已经是农业部和能源部合作资助项目的第 6 年。本次合作中,能源部科学办公室将为其中 8 个项目提供 1020 万美元资助,而农业部国家食品与农业研究所将为剩余两个项目提供 200 万美元资助。启动资助金将对这些研究项目前三年的开展提供支持。

1.4　未来农产品生产趋势

关键词:肉类　产量　价格

根据美国农业部题为"预测 2020 年农业"的报告,由于国内对玉米制乙醇的需求量持续增加,加上欧盟长期以来对植物类生物柴油的需求,美国玉米、油籽及许多其他作物的价格达到了历史最高点。该报告还预测了未来 10 年内肉类、家禽和粮食的产量。

对未来几年的预测显示,随着饲料价格的上涨,饲养者的利润被"挤出";同时,由于相关鼓励措施不断减少,到 2012 年,畜牧业中红肉和家禽肉的产量将降低。价格压力和红肉、家禽肉出口量的增加还将导致国内消费的减少。根据报告,牛肉产量在 2012 年全年将呈现下降趋势,但之后几年会有所上升;肉牛数量也会从 2011 年的 3100 万头增加到 2020 年的 3400 万头。2011 年猪肉利润的降低会导致 2012 年猪肉产量下降,但之后几年将会逐步上升。

由于家禽在饲料和肉品方面都具有优势,未来 10 年内,家禽肉产量的增幅最大。家禽肉价格会随需求量的增加而提高,其产量也会随家禽数量的增加和家禽平均重量的提高而提高。

报告还指出,红肉和家禽肉的消费在 2009 年到 2020 年间将会增加 2.7%,其中,增幅主要来自家禽肉。牛肉、猪肉和羊肉的人均消费量将会降低,而小牛肉的人均消费量则将保持不变。

1.5　欧盟 2007—2013 年农村开发政策(一)

关键词:农场开发计划　核心策略

欧盟农村发展战略方针(EU Strategic Guidelines)确定了一些重要地区作为农村开发的首要任务,并为成员国提供了一系列将其应用于本国农村发展战略规划(National Strategy Plans)和农村开发计划(Rural Development Programs)的选择。各国的国家战略规划是将欧盟战略方针与本国具体国情结合,同时确定各国的开发地区,而农村开发计划是对国家战略规划的贯彻和执行。

各成员国制定的农村发展战略应基于欧盟农村发展战略方针所提出的 6 项核心策略,这将有利于以下几个方面。

(1)确定出各国农村的重点开发地区,充分依靠欧盟农业扶持政策实现欧盟区内高增值发展。

(2)将本国实际情况与典型开发对象(里斯本和哥德堡)相联

系,启发本国的农村发展。

（3）确保农村开发事务始终与欧盟各项政策保持一致性和连贯性。

（4）各新老成员国伴随着农村发展计划的制订对市场结构进行调整和重组,形成以农业共同政策为导向的新市场。

1.6　欧盟 2007—2013 年农村开发政策（二）

关键词：核心策略　三大主轴

《2007—2013 年欧盟农村开发政策》（The EU Rural Development Policy 2007—2013,以下简称《政策》）的 6 项核心策略如下。

（1）大力发展农业和林业,提高农、林业的竞争力。

农业竞争力的提高必须着重依靠农业知识转移、农业现代化、农业创新以及提高食物链中每个环节的品质,这需要从物质资本和人力资本两方面给予优先投入。

（2）改善农村地区自然环境。

要保护欧盟农村地区的自然资源,强化农村地区自然环境,就必须：①保护生物多样性；②发展具有高度自然价值的大农业体系（包括种植业、林业、畜牧业等）；③保护传统农业景观、农业用水,对抗气候变暖。

（3）改善农村地区生活质量,鼓励农村地区的多样化发展。

各成员国的地方发展战略应特别注重为本国农村地区创造就业机会,改善就业条件,促进能力建设、技巧获得和组织结构发展,这同时也有助于确保农村地区对下一代具有足够的吸引力。

（4）扶持农村地区就业状况,发展多样化就业。

在前 3 项策略得到充分发展的前提下,农村地区就业情况自然能够得以改善,成员国通过外部资助来扶持本国农村地区发展的同时,还应激发并管理农村地区自身的发展潜力。

（5）将鼓励农村地区发展转变为制订具体开发计划。

国家发展战略中,成员国应本着避免矛盾,尽量协调配合的原则,使各项发展策略最大化发挥作用。

（6）保证经济扶持的充足。

成员国应积极促进本国农村开发政策、结构性政策和雇佣劳动政策之间的相互协调和配合,并努力确保欧盟地区发展基金（European Regional Development Fund）、聚合基金（Cohesion Fund）、欧洲社会基金（European Social Fund）、欧洲渔业基金（European Fisheries Fund）、欧洲乡村发展农业基金（European Agricultural Fund for Rural Developement）等各项基金的及时补足。

综上所述,未来6年欧盟农村地区发展的"三大主轴"分别为:①提高种植业和林业的竞争力;②改进农村地区环境;③改善农村地区生活质量,促进农村经济多样化,亦即《政策》核心策略之前3项内容。新的发展计划为欧盟各成员国再度大力开发农村经济,发展农村地区就业以及保护农村地区发展的可持续性提供了一个独一无二的契机。

1.7 欧盟关于农业减排的政策建议

关键词:温室气体 排放量 欧盟行动

根据相关报告,欧盟27国一氧化二氮和甲烷的排放量在1990—2007年期间降低了20.2%。其中,整个欧盟地区2007年农业温室气体排放量为4.62亿吨,占欧盟27国全部温室气体排放量的9.2%,占全球农业温室气体排放量的14%。

欧盟排放量的减少与农业生产率提高、牛羊数目减少、农业管理方法的改进和农业及环境政策的制定实施有着很大关系,同时也与新入成员国根据1990年后的政治和经济框架变化来调整农业生产布局有关。不仅如此,由于能源和温室气体一揽子计划相关措施的执行,到2010年,欧盟一氧化二氮和甲烷的排放量还会再降低2%。

具体而言,欧盟的行动主要集中在以下几个方面。

1. 减少农业活动中的温室气体排放

(1)化肥使用和农业投入方面

优化使用矿物质和有机氮;从整体上减少有机农业等的外部投入,使化肥和其他化学产品通过温室气体密集型生产减少排放;推广精准农业。

(2)牲畜管理方面

改变牲畜的营养模式,因为饮食结构和食物摄入水平会影响动物反刍和粪便中的甲烷含量;实现饲养方法和技术方案的突破,通过牛的消化运动控制甲烷排放;在牲畜饲养过程中对饲养场实行多种管理形式,以益于景观维护和生物多样性。

(3)粪便管理方面

改进粪便的储存和处理方式,如:对不同的粪便和淤泥采用不同的存储方式、粪便产生后立即掺入土壤中、优化粪便中氮含量的统计方法;在厌氧处理厂对动物粪便进行加工,这种方法在动物饲养密集、粪便量多的地区具有很高的性价比,具有很好的发展前景。

2. 减少土壤中的碳损失,增加土壤的碳含量

专家认为,保留、储存和扩大土壤中的含碳量是一个应对气候变化较为经济的重要途径。当前农业土壤在减缓气候变化方面还有很大潜力,这与土壤类型、气候条件和土地使用情况等因素有关。许多农业操作和土地利用方法能够提高土壤的碳吸收水平,并能在提高土壤质量和肥沃程度方面发挥重要作用。

(1)土壤管理方面

保护性农业(减少或不要耕作)能够避免或减少对土壤的物理干扰并节约能源;全年维护土壤覆盖层,使用间作物,采用可持续方式将动物粪便、淤泥、秸秆和堆肥等有机物混合,在永久性耕地上种植绿色保护植物;保护土壤中的有机物质,尤其是泥地、湿地和草地这类碳含量较高的土壤类型;恢复干涸的泥地和湿地;恢复受侵蚀土壤和沙漠化土壤的碳含量。

(2)土地管理方面

多种作物轮种(包括豆科作物);随时预留一部分土地,种植灌木之类的木本植物;保护永久性牧场,将适于耕种的土地转变为永久性草地;种植芦苇等适宜在湿地生长的作物,便于湿地排水;发展有机农业;通过造林提高土壤含碳量。

3. 节约能源,大力推广可再生能源

促进农业活动在设备、建筑和农耕工具方面节约能源、生产并应用可再生能源等都有助于降低二氧化碳排放量。由于油、气、电等能源是农业生产成本的重要组成部分(2006 年,欧盟专业谷物农场每亩经营成本中,能源和燃料占到 13% 到 20%),上述操作也可使农业体系在经济方面更为灵活可行。

发展可再生能源、提高能源使用效率也是欧盟推动低碳经济发展的工作重点。据估计,当前的生物质能源占到了全部可再生能源的 2/3,不考虑生产这些生物质的过程中出现的土地用途间接变更产生排放的情况下,可以减少 1.5 亿吨二氧化碳排放量。目前大部分生物能源来自于森林资源,但农业生物质(牲畜粪便、农作物秸秆等)也是很有潜力的供应源。在欧盟农村地区,生物质能源的生产显得越来越重要。欧盟所有成员国都通过农业发展基金支持生物质和可再生能源的发展。

1.8 欧洲各国寻求农业创新

关键词:公共研究体系 创新 协作

2011 年 6 月 7 日,在波兰经济部的支持下,华沙召开了关于农业创新和竞争力的大会。大会主要围绕 3 个主题：研究、创新和竞争力之间的联系；创新增值转变必需的公共政策；主要行业创新研究和发展。世界各国 50 多位专家出席了此次大会。

专家指出了里斯本倡议在促进创新方面的失败是由于目前欧洲地区的研究支持政策在管理方面有所不足。专家强调，一个强大的公共研究体系是非常必要的，并且还需建立公私合作的新形式，以便集中欧洲公共资源（研究、共同农业政策和凝聚力）以及私人资源（包括贷款）从而扩大研究项目的规模并提高效率。其中，要特别重视那些金融业对农业研究项目投资越来越少的地区。国债"未来投资"（创新和生命科学方面）就是一个很好的例子。

北欧成员国和企业代表表示，他们在新共同农业政策范围内支持创新，至少会将其和有关环境的公共财产生产放在同等重要的位置。用于创新（植物品种、植物保健产品等）的财政投入应该在讨论共同农业政策第二支柱范围内进行，但也不能局限于现在简单的农业咨询系统，应更加依靠生产者组织和学习网络。

法国等各方代表一再表示，必须通过农业研究常务委员会（SCAR-欧洲研究协调和咨询机构）加强成员国的协作，促进联合方案倡议，发展国家研究网络和技术平台。同时还强调了农业多样化的重要性，要求制定跨学科研究方案，并且避免只在单一技术领域进行创新（新品种、精细农业）。企业或组织创新的概念也是同等重要的，但是共同农业政策在推动其发展时需更加谨慎。

1.9　俄政府农业食品政策基本方针

关键词：农业　食品　政策

最近，俄罗斯为了克服农业生产下降，实行了一系列措施，进行债务重组，改善农业企业财政状况；实行农作物收获量保险机制；鼓励信贷合作社的发展；促使改善农业技术装备；实行建设和改造农田灌排系统；建立联邦粮食储备，实现国家调节粮食市场的成套措施；消除对农产品和食品流通的行政限制；为吸引私人投资进入农业生产创造条件等。

此外，俄罗斯还规定了其他方面的措施：加快修订和通过新的《俄联邦土地法典》，完善农业用地流通的调节机制，促进土地转给有效经营主体的进程，完善租赁机制；调节食品市场，建立专业化的产品生产区，实行明智的贸易保护主义；发展农机设备的租赁活动；完善财政信贷政策，改变国家支持农业的方法，将国家投入给予能保证得到最大投资效益的企业和农场；继续给农业商品生产者发放优惠信贷，并集中使用。对农业的季节性贷款实行利息补贴；完善农业用地的征税等。

1.10　俄罗斯粮食出口政策

关键词：粮食　产量　出口

近年来,俄罗斯农业取得较快发展,在粮食产量稳步增长的同时,粮食出口也保持较高水平。按世界粮农组织的计算,2007 年/2008 年度(2007 年 7 月—2008 年 6 月)俄小麦出口预计为 990 万吨。2007 年 7 月至 2008 年 2 月俄小麦出口 1170 万吨,大大高于世界粮农组织的预期,占世界小麦交易量的 9% 左右,为全球第四大小麦出口国。俄罗斯在国际粮食市场中的地位和影响力日渐增强。

据 2007 年 7 月通过的"俄罗斯 2008 年至 2012 年农业发展规划",俄中央政府和地方政府将在 2008—2012 年的 5 年间,向农业拨款 1.1 万亿卢布,扶持和促进农业发展。根据规划,在未来的 5 年中,俄粮食产量预计将逐年稳步提高,2012 年小麦产量将达到 5000 万吨。

1.11　农业的未来与"最绿革命"

关键词：价格危机　可持续　农产品

2011 年 1 月 24 日,英国发布了一份题为《农产品和农业的未来》的报告,该报告是由政府委托并由 400 多名科学家共同合作完成的。报告指出：由于当前农场都是集中种植,对环境造成了不利影响,农业生产体系亟须改进。科学家警告说,如果农业生产不进行涉及转基因作物、克隆牲畜和纳米技术等的"最绿革命",农产品价格将会翻一番。

报告还指出,农产品价格将会出现 100 年来的首次大规模涨价,到 2050 年将会增长 50%。玉米等农产品价格的增长将导致非洲一些贫穷国家数百万人面临饥饿。此外,农产品价格危机还将引起冲突和大规模移民。

政府首席顾问 John Beddington 说,整个农产品体系必须重新设计,从而保证在更少的土地上生产更多的产品,这就需要新的技术,如转基因、克隆牛等。

报告指出,发达国家消费选择的变化能够节约粮食,使更多的人受惠。例如,英国人可以少吃工厂化农场提供的牛羊肉、减少浪费、利用食物残渣生产能源等。

埃塞克斯大学教授 Jules Pretty 指出,要使粮食生产满足全球需求,必须采取一系列不同的措施,如利用动物粪便发展有机农业、种植抗旱转基因农作物等。他认为,"绿色革命"极大地提高了20世纪的农业生产水平,如今,我们应该进行无害自然的"最绿革命"。他的主张得到了英国环境部大臣 Caroline Spelman 的支持。Spelman 指出,英国将会与发展中国家共享简单、先进的技术,同时革新市场,使所有生产可持续性农产品的国家获益。

1.12 21 世纪英国政府食品政策

关键词:食品评价体系 主导

2008 年 7 月 7 日,英国内阁办公室发布了"政府食品政策报告",分析了全球化背景下的英国食品生产和消费趋势,以及食品安全和营养对国民健康的影响。报告认为,未来应重点解决食品需求上升、气候变化以及贸易和生产限制等问题,并提出建立基于斯特恩报告(Stern Review)的食品评价体系,把英国建成世界一流的食品科研基地,使英国在应对气候变化和全球食品安全的挑战中处于主导地位。

1.13 英国主要农业政策概要

关键词:可持续农业 政策

英国政府的农业政策旨在为可持续农业创造良好环境,保障其在公平竞争中合理发展。英国农业的发展目标是,到 2020 年,农业市场利润更加可观,能提供国民所需的大多数食品,在环境保护,特别是应对气候变化方面取得显著进展,自然资源得到更好的管理。为此,英国政府相继出台了以下政策。

(1)未来农业计划(Farming for the Future Programme)。

(2)农业规范和管理战略(Farm Regulation and Charging Strategy)。该战略的目标在于改善政府出台和实施规范的方式,提高政府工作效率,减少官僚作风,提高农民的参与能力,更好地保障环保、动物健康、食品安全和劳动者安全。

(3)可持续农业和食品(Sustainable Farming and Food)。

(4)统一农业政策(Common Agricultural Policy)。

1.14 英国食品发展报告:在变化的世界中保障英国食品安全

关键词:食品安全 食品价格 安全对策

2008 年 7 月 17 日,英国环境、食品与农村事务部发布了《在变

化的世界中保障英国食品安全》的报告草案。在该报告中,食品安全主要是指保障消费者随时获得维持身体健康所需的、充足、安全和营养的、价格合理的食品。对全球而言,食品安全则是指食品供应是否平衡,食品贸易和流通体系能否有效地满足食品需求。

报告认为,现在全球食品安全形势严峻。食品价格深受能源价格攀升、农业收成减少、食品需求增加、生物燃料和出口限制规定的影响(图 1-3),对不少国家的稳定造成了威胁。尽管如此,英国目前的食品安全状况相对良好,主要体现在家庭食品支出比例相对较低,超市和农贸市场的食品供应较为充足。不过,近年来的食品价格上涨引发了对英国国内食品自主供应能力的怀疑和争论。为此,该草案分析了目前全球的食品生产、加工、运输和销售的趋势以及影响食物链的各项挑战,并对英国食品供应能否经受短期危机和长期威胁进行了研究。

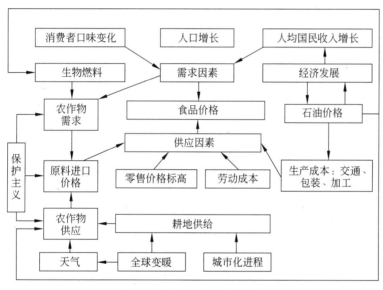

图 1-3　影响食品价格的因素

1. 食品安全的核心内涵

报告指出,为保障英国食品安全,必须确保食品供应能应对各类危机和危险,食品生产必须着眼于长远,遵从环保和可持续发展的原则。因此,解决气候变化和环保问题是保障食品安全必须考虑的首要问题。

国家食品安全政策必须解决食品"有效性"(availability)、"获取性"(access)、"可承受性"(affordability)三大方面的问题。其中,"有效性"指食品存量以及供应的可靠性;"获取性"指食品运输和流通体系;"可承受性"指食品价格在居民可承受范围之内,特别是要确保低收入群体能够买得起有营养的食品。

2．全球食品安全现状

近年来,全球农产品和石油等价格飞涨。英国政府在近期发布的"全球商品价格上涨原因分析报告"中提出了六大引发价格上升的原因,包括以下几方面。

（1）印度、中国等国家国民收入增加导致对肉类和奶制品消费需求上升,使得畜牧业对粮食的需求上涨。

（2）受恶劣天气影响,澳大利亚等农产品生产国和出口国的收成减少,同时国际农产品存储下降,加剧了粮食供应紧张形势。

（3）为应对国内食品价格上涨的问题,阿根廷、哈萨克斯坦、乌克兰等国家实施农产品出口限制。

（4）农业结构不合理导致农业部门极易受价格波动影响。例如,大米等农产品的国际市场供应薄弱,产品贸易比例低于 10%,生产国供应的略微变化就会引发全球大米价格的剧烈波动。

（5）高油价使得肥料、交通、包装、加工等环节价格上升,从而导致农产品生产成本增加,对食品价格造成压力。

（6）生物燃料需求的增加导致原先用于农作物生产的耕地被用来种植燃料型作物。2008—2009 年,美国 27% 的玉米收成被用于生产乙醇,加工生物燃料。

3．对策

（1）建立"全球农业与食品合作伙伴关系"。2008 年 6 月,英国在"罗马食品峰会"(Rome Food Summit)上呼吁国际组织、发展中国家政府、私营部门、民间团体和各类慈善捐助团体加强"全球农业与食品合作伙伴关系"(Global Partnership for Agriculture and Food),提高对国际农业研究的投资,促进亚洲和非洲农业生产的增长。随后,2008 年八国峰会提出了建立新型的全球农业与食品合作伙伴关系,包括组建一个全球食品与农业专家网络为各国提供科学分析和决策参考。

英国政府发布了全球商品发展趋势报告,为国际社会共同应对农产品价格等问题提出了 6 点框架性建议,包括保持经济稳定、扩大开放、加强合作、支持创新和投资、保障公平、消减气候变化带来的不利影响,特别是要注重提高资源效率。

（2）加强国际农业研究投资。英国政府宣布,未来五年(2009—2014)将投资 4 亿英镑支持国际农业研究。其中,1.5 亿英镑将用于"国际农业研究专家咨询组"(Consultative Group on International Agricultural Research)的建设,以提高小型农业耕作生产力和农业抗病虫害能力。

（3）推动气候变化与农业的良性互动。英国政府提出将通过改善施肥管理和动物饲养方式，推广生物质能源和可持续发展的木材，推动农业部门的温室气体减排。同时，农业部门也应增强应对气温、降雨、水源、洪水、暴风雪等气候变化的能力。

（4）重视研究如何提高食品系统风险管理水平、农业产量和应急恢复能力。

（5）英国将推动欧盟及国际社会重视农业在应对气候变化中的作用，并积极发挥领导角色。此外，英国还担任甲烷市场合作伙伴关系组织的农业小组委员会主席，将致力于促进世界农业部门通过厌氧消化（Anaerobic Digestion）发展可更新能源生产。

（6）欧盟、英国和国际社会应共同努力，确保生物燃料生产的合理、可持续发展，减少或消除生物燃料产业对食品价格和食品安全的不利影响，力争使 2010 年/2011 年生物燃料生产实现 5％的增长速度延迟至 2013 年/2014 年。

4. 英国的食品安全形势及应对措施

（1）近年来，农贸食品市场随着消费需求的不断上升稳步扩大。目前，英国约有 550 个农贸市场，4000 个农贸商店，每年农产品销售额约合 20 亿英镑。此外，消费者越来越青睐本地产出的食品，这导致 2008 年蔬菜种子销售超越鲜花等品种。

2007 年，英国谷类农作物收成 1900 万吨，牛羊饲养业产出值分别达 170 亿英镑和 6.28 亿英镑，奶制品销售 1340 亿升，总价值达 280 亿英镑，禽蛋业产出值 4.1 亿英镑。

（2）1999—2005 年，包括"有机食品"（Organic Food）、"公平贸易食品"（Fair-trade Food）和"本地食品"（Local Food）等在内的"道德食品"（Ethical Food）的销售增长显著，销售额从此前的 5 亿英镑攀升至 10 亿英镑，每年的食品和饮料销售额高达 1620 亿英镑。

（3）食品安全面临的严峻挑战——维护食品供应多样性。

长期以来，英国一直是食品净进口国，食品供应状况极易受出口国影响。因此，在开放的国际市场条件下，改善贸易关系对保障英国食品安全极为重要。目前，英国 60％的食品供应都实现了自给自足，初步研究表明应进一步加强农业用地的食品生产，提高全国的食品供应和流通环节的自给能力。

（4）加强对低收入群体的补助，增强其食品购买力。英国投入 1 亿英镑用于"健康起跑"（Health Start）计划，为 50 万左右的怀孕女性以及低收入家庭和贫困家庭中 4 岁以下的儿童提供食品保障。

（5）发展以食品需求市场为导向的环保可持续农业生产，丰富农作物栽培品种，提高应对病虫害、恶劣天气、价格变化等风险的能力。

1.15　英国促进农业与农村发展政策

关键词：农场发展计划　农业行动计划　农村环境计划

1. 英格兰农村发展计划（England Rural Development Programme）

英格兰农村发展计划于 2000 年 10 月经欧盟批准启动。将在 7 年内于农村发展和农业环境整治方面投入 16 亿英镑。该计划优先资助的两个领域是环境保护与改良，创造高效、持续的农村经济。

2. 农业行动计划（Action Plan for Farming）

支持额度为 2 亿英镑，其中畜牧业 6600 万英镑（牛肉、乳品和羊肉各 2200 万英镑），种植业 3400 万英镑，对 14 家加工企业给予价值 1 亿英镑的补贴（约占英国 CAP 市场支持额度的 35%）。

3. 其他政策

（1）以土地为基础的农村环境计划（Land-based or Agri-environment Scheme）

该计划致力于提高环境意识，作为建立和实施农村环境友好行动的收入损失补偿机制，3 年提供 3 亿英镑的科技创新支持，400 万英镑的建房资助，在 4 年内投入价值 2200 万英镑的农场管理咨询服务资助，启动 870 万英镑的肉类检验、保障费用援助。

（2）项目基础计划（Project-based Scheme）

不以特定地区为对象，而是通过各个具体项目和方案的实施来促进农村发展的方案，主要有农村企业计划（Rural Enterprise Scheme）、加工销售捐赠（Processing and Marketing Grant）、能源作物计划（Energy Crops Scheme）、职业培训计划、加工营销捐助农村企业计划等。加工营销捐助（Processing and Marketing Grant）拟在 2001—2006 年间，欧盟或英国政府共拟投入约 4400 万英镑，对于投资额超过 7 万英镑的投资人开放，可以资助额度达投资总额的 30%，最大额度为 120 万英镑，要求赠款获得者配套投入 45% 以上。

1.16　法国食品政策及安全监督体系

关键词：食品政策　食品体系　安全监督体系

1. 优化法国食品模式

2006—2010 国民营养健康计划中强调了政府在食品安全管理中的作用，指出计划应从消费者知识普及和食品提供途径这两个方面入手,并其应达到的目标详细规定在农业部食品政策框架之内。

2. 商议和评估食品政策

政策应该完全渗入到食品安全、多样化和可持续发展的各个方面。

(1) 了解和满足消费者所需

从食品安全知识普及角度,政府应该理解消费者的需求、制约因素和担心,向其提供信息,消除担心并帮助建立更好的食物结构。政府通过与一千多名消费者面对面的谈话和抽样调查,了解消费者对食品的认知,确定如何稳定消费者对食品及食品机构的信心。农业部已第三次更新这个标准,并于 10 月份公布。

(2) 促进农产食品加工企业的职业化发展

从食品供应角度,政府应了解农产食品加工企业及销售企业的发展制约因素,促进它们提高食品的营养价值。2008 年夏季实施的提高食品营养措施,包括优化食品营养结构(糖类、纤维、脂类),以及更新销售和消费方式(产品宣传及介绍),不断策动集团和企业从事产生更大效益的活动。

3. 完善食品体系的优先途径

要建立营养、美味、高质的多样化食品体系,应从以下 5 个领域加强管理。

(1) 监督进口食品的安全性及其与欧洲消费理念的一致性:2008 年由食品卫生安全署(AFSSA)和法国农业科学院(INRA)共同实施的食品质量监督系统(OQALI),发挥了极大作用。

(2) 从质量和原料上发展食品的多样性:根据环境政策会议的可持续发展理念,为提高绿色农业,到 2012 年,国家机构和公共组织的饭店行业将提供 20% 的绿色农业食品。

(3) 完善水果蔬菜检验的各个步骤:44% 的 3～17 岁儿童每天在学校或者娱乐中心等公共场合消耗一部分水果,因此控制这部分食品安全十分重要。

(4) 完善集体餐馆的食物供应:学校餐馆应依据营养建议选择当地食物供应;餐馆服务人员应接受相关知识培训;为老人群体供应的食品须依据其身体健康状况给予关照,满足其特殊要求。

(5) 向贫穷人群提供食物:正在修改的 2009 年欧洲贫穷人口资助计划(PEAD)将增加这方面的预算,法国贫困人口有望从中获利。

4. 食品安全监督体系

据统计,法国有 93 万农业生产者及 36.7 万公顷农田、2.35 万海产品捕捞者及 7500 艘渔船、1.3 万家农产品加工企业及 42 万名从事该行业者、30 万家相关商业机构（超市、餐馆、手工作坊）。在食品从原料到生产的链条中，每个环节的从业者都围绕保障食品的卫生与安全履行着自己的义务，形成自下而上、完整的监督管理体系。

农业与渔业部下属 5000 多家办事处分布在各省、市区，其中有100 多个兽医服务管理处（DDSV）及 22 家大区植物保护署（SRPV）。农业部依照这两类服务监督机构执行政策，管理全国的食品安全：①DDSV，保证动物的健康、食品质量和卫生安全；②SRPV，保证植物的健康、质量和卫生安全，并关注农业发展是否在保护环境的前提下进行。

与其协调合作的其他机构有：竞争、消费与防止欺诈管理处，市区卫生与社会事务管理处等。农场、屠宰场、工厂、食堂、餐馆、超市的农产品和食品在卖出及进货之前都将经过这些监督机构的检验。

另有分布各地的多家食品卫生检测机构、动物饲料出口检验处、进口动物食品原料管理处、节日假期期间流通食品管理处。

1.17　法国建立首个农业与环境创新平台

关键词：PIAE　可持续农业　创新

2008 年年底，法国政府产生了创办农业与环境创新平台（PIAE）的理念，计划通过这样一个竞争力集群来增强农业和环保领域的创新实力，从而更好地实施相关研究项目。

PIAE 平台建立之初，作为参与者之一的法国食品研究协会（Vitagora）与其他合作者共同呼吁，该平台应以"高环保价值农业"项目为主，整合人力资本、研究方法和物质资源，为用户特别是企业提供一个开放性的资源网络，实现优势、服务及设备共享。PIAE平台建立后围绕 3 个主要思路开展工作，即挖掘农业潜力和减少投入、发展密集型农业，以及改善农业产品质量以达到和符合市场预期目标。

此外，PIAE 平台还针对用户提出的一些要求开展工作，例如要生产出既外观诱人又符合营养安全指标的食品，就需要在植物生产投入及作物加工转化的各个阶段，都要考虑其最终目标。PIAE 平台的负责人认为，随着作物体系的建立，该创新平台将越来越向一些热点问题靠近，比如测量土地的生物寿命，或者菌根对植物营养的影响等，最终将建立一个能够分享知识、互补技能，刺激每个人的创造力的专家俱乐部，从而向一个真正可持续发展农业的目标迈进。

1.18 德国的农业政策

关键词：农业政策 补贴 现代农业

目前，德国农业在国民经济所占份额较小，主要在于满足国内农产品需求，仍处于重点支持和保护的地位。作为欧盟成员国，德国的农业政策在遵守欧盟农业共同政策的同时，也充分考虑了本国的实际情况，自身具有一定的特色。

具体而言，欧盟制定框架协议并决定整体农业市场政策；德国联邦政府的工作重点是农村社会改善和农业结构调整；德国各州政府则制定具体的农业政策。德国农业政策的总体目标是：为国民提供价格适宜的高质量的健康食品，为工业提供可再生原材料，保障和完善人民生活生产的自然空间条件，保持农村风景文化。

多年来，德国政府为农业提供补贴的大政方针始终没有改变，在补贴方式和补贴方向上则逐渐由刺激产量增加转向注重农产品质量安全、区域发展、环境保护和改善生产生活条件等方面。具体政策措施主要有以下几个方面：①改价格和品种补贴为按面积补贴，保护和提高农业生产能力；②按农户投资比例（一般为30％）进行补贴，支持农户扩大规模经营；③大力发展生态农业，保证食品安全并促进环境保护；④支持乡村网络等基础设施建设，为居住和旅游者提供各种方便，促进乡村旅游业发展；⑤注重农民协会和农业协会建设，提高农民组织化程度；⑥建立农村社会保障制度，做到城乡社保并轨。

这些政策措施的实施，使德国农业已经从传统农业阶段，逐步走向规模化、机械化、科技化为特征的现代农业，进入注重生态保护和食品安全的新的发展阶段。

1.19 德国自然保护联合会将物种多样性定为工作重点

关键词：NABU 生物多样性 物种保护

德国自然保护联合会在庆祝成立 111 周年之际将物种多样性定为工作重点。

联合国宣布 2010 年为国际生物多样性年。"德国自然保护联合会"（简称 NABU）是这一活动的正式合作伙伴，它将借此机会把本年度的工作重点放在生物多样性的急剧减少方面。全球有16000 个物种面临灭绝的威胁，包括哺乳动物物种的约 1/4、两栖动物物种的 1/3 和鸟类物种的 12％。德国自然保护联合会主席奥拉夫·奇姆克（Olaf Tschimpke）指出，物种和自然环境的消失对整个人类造成了威胁,它和气候变化一样是我们未来面临的最重要的挑战。

此前到过德国自然保护联合会柏林总部的人都可以"亲耳"体验到时间的紧迫。那里悬挂的倒计时时钟显示的是离达到国际社会为 2010 年年底设定的物种保护目标余下的时间。这一目标以及保护生态系统的目标能否真正实现值得怀疑,因此德国总理安格拉·默克尔在启动国际生物多样性年活动时发出强烈呼吁,要求社会各方努力为物种和生境保护打开新的局面。德国自然保护联合会的前身是由莉娜·亨勒在 1899 年 2 月 1 日成立的"鸟类保护联合会"。从那时开始,联合会的宗旨就一直是环保的实际工作(如为鸟类提供筑巢场所)和引起社会对环保问题的关注并重。

直到今天,环境保护也仍然包括现场工作如种植灌木、为帮助两栖动物安全迁徙设置路栅和设立自然保护区等,但是自然保护和物种保护已成为复杂的和国际性的任务。因此德国自然保护联合会还参与了拯救俄罗斯的世界自然遗产和帮助吉尔吉斯斯坦拯救濒于灭绝的雪豹(图 1-4)的行动。它拥有的丰富的专门知识和技能还经常反映在环保条例的制定中。德国自然保护联合会下属的研究机构、专门委员会和工作组涵盖的范围包括交通和能源政策以及生态农业、生态林业。

图 1-4　雪豹

德国自然保护联合会目前约有 46 万名成员和赞助者,特别值得骄傲的是其中大量志愿人员的积极参与。德国自然保护联合会的组织形式具有州级自治的联邦联合会性质。它下属的"自然保护青年"组织(NAJU)是成员数量最多的德国儿童和青年组织之一。富有时代精神的德国自然保护联合会已成为世界自然保护组织团队中一个响亮的声音。

1.20　德国生态农业取得长足发展

关键词:生态农业　年轻人　就业

随着德国居民生态和环保意识的提高,人们对生态产品的需求

量日益增加,这带动了生态农业的发展。同时也有更多的年轻人愿意学习与生态农业有关的知识和技能,因为该行业有着良好的就业前景。

2010 年,德国以生态方式进行耕作的土地面积增加了 4.6%(2009 年的增幅为 4.3%),经营生态产品的农业企业的数量增加了 4.3%(2009 年为 6.2%)。

上述数字来自 2010 年联邦各州向联邦食品、农业和消费者保护部(BMELV)提交的有关生态农业的报告。

报告显示,至 2010 年年底,德国各地共有 99.07 万公顷农业用地由 21942 家企业按照欧盟生态条例进行经营。与上一年相比,生态农业企业的数量增加了 895 个,生态农业用地(图 1-5)增加了近 4.36 万公顷。

图 1-5　有机农业协会的"生态有机农业用地"标牌

2010 年,经营生态产品的农业企业的数量占全国农业企业总数的 7.3%(2009 年为 5.6%),生态农业用地占整个农用地的 5.9%(2009 年为 5.6%),生态农业取得长足发展。

与上一年相比,2010 年生态产品加工行业企业数量继续增加。2010 年生态农业企业数量达到 7703 家,比 2009 年增加 4.5%。进口商的数量与上一年持平,而同时从事生态产品加工和进口的企业的数量则比 2009 年增加 6.7%,纯粹的贸易企业的数量增加 8%。

2010 年,生态行业共有 32714 家企业(生产企业、加工企业、进口企业)。这些企业都由经过国家批准的、受各州监管的生态监督机构依据欧盟生态条例的严格规定进行检查。每家企业每年至少接受一次检查,此外还要接受风险评估和不定期的抽查。

生态农业的发展也使年轻人看到了这一行业良好的就业前景。随着德国新学年的开学,来自联邦各地的 15 名新生开始了他们在位于克累弗市(Kleve)豪斯·里斯维克农业中心的生态农业专科学校(Fachschule für Ökologischen Landbau in Haus Riswick)为期两年的培训。与该校二年级的 31 名学生一道,新生们将学习生态农业生产的知识和技能。对于两个年级的学生们来说,这也是过去

数年来首次得到跨年级交流的机会,因此特别受到新生的珍惜和
欢迎。

1.21 德国"有机产品标志"十周年——消费者和农场主的成功史

关键词:有机产品　标志

德国是欧盟范围内有机产品最大的消费市场,全球范围内位居美国之后名列第二。不算出口,欧盟内部有机产品 179 亿欧元的销售额中有 1/3 来自德国市场。此外还要注意到,虽然德国有机产品市场的供应目前很大程度上还基于进口,但是越来越多的消费者开始购买本地的和季节性的产品,这对有机产品行业来说意味着潜力巨大的商机。

"见此标志,有机保证"——德国 2001 年开始实行的有机产品标志(图 1-6)传递了这样一个明确的信号。10 年后的今天,市场上已经有超过 62000 种产品贴上了有机产品标志。

图 1-6　德国有机产品标志

来自贸易和加工行业的 3900 多家企业率先决定使用有机产品标志。"有机产品"已成为德国农业和食品生产加工业的重要支柱之一。联邦食品、农业和消费者保护部部长伊尔莎·艾格纳(Ilse Aigner)日前在柏林表示,有机产品标志的成功,展示了清晰明确的食品标志是如何带来一个经济行业的整体成功的。不久前,在该部的倡议下,有机产品标志的品牌保护再次延长 10 年。

2011 年 9 月 5 日是有机产品标志庆祝其成功诞生十周年的日子。对于消费者来说,该标志的魅力不减当年。成功的因素之一是高知名度,大约 87% 的消费者熟知这一标志。那些钟情于有机产品的消费者在购买产品时都会注意该标志。无论是在哪里购买,或是购买哪种品牌,有机产品标志都意味着清晰、安全和透明度。艾格纳强调,以前由于生态产品标志数量众多,消费者很难了解,自从实行了国家颁布的有机产品标志之后,消费者一眼就能知道哪种产品是按照欧盟生态农业条例生产和受其监督的。国家颁布的有机产品标志是消费者在消费时的重要指南,它值得信赖。欧盟范围内实行的法律条例保证了统一的生态农业标准。有机产品标志代表着产品是以环境和物种友好型的方式生产的。

德国政府致力于在欧盟层面上引进德国的这一成功模式。自 2010 年 7 月 1 日起,已包装好的有机食品必须贴上欧盟的有机标

志(图 1-7)。德国有机产品标志对此起到了推动作用,它仍能与欧盟有机标志一起使用。

图 1-7 欧盟有机标志

1.22 有机食品——繁荣的行业

关键词:有机食品 超市 有机农场

"有机"二字为健康品牌店 Reformhaus 所专有的时代已经过去了,有机食品市场的销售额突飞猛进,达到数十亿欧元,德国人每年在健康食品一项上的支出接近 60 亿欧元。

1. 有机食品行业的先锋

大约 1/4 个世纪以前,德国的有机食品行业还完全是另外一个样子。对于许多有机食品行业的从业者来说,完全不能想象有机食品会在大众化的超市里以传统的商贸形式销售。格茨·雷恩(Götz Rehn)并没有受到这种观点的制约,他辛苦筹集到 60 万马克,于 1987 年在曼海姆市(Mannheim)开办了德国第一家有机食品超市安娜图拉(Alnatura)(图 1-8),结果生意好得惊人。安娜图拉的业绩,营业额每年总能有两位数的增长。例如 2009 年,安娜图拉的营业额达到 3.61 亿欧元,与上一年相比增长 18%,而整个有机食品行业的营业额大约是 58 亿欧元。截至 2010 年中,安娜图拉已拥有 55 家分店,而 4 年前只有 25 家。安娜图拉还推出了 950 种特制产品。

图 1-8 有机食品超市安娜图拉(Alnatura)

2. 有营销意识的农场主

有机食品农场主海因茨·布尔施（Heinz Bursch）喜欢种植草莓（图1-9）、生菜、茎蓝和豌豆。此外他还有销售天分，科隆和波恩的12个周末市场上都有他的售货摊位。与此同时，他还经营着一个农家店，并参与创制了"蔬菜包"营销方案。

图1-9　有机草莓

布尔施有机农场每天都要采摘2000盒草莓、4000棵生菜和3000棵茎蓝，此外还有数千束香料，成板的莙达菜、小红萝卜、黄瓜和菜花。他在波恩附近波恩海姆（Bornheim）创办的小农场曾是德国有机农业的先驱者，如今它早已发展壮大。70名员工负责60种水果和蔬菜的栽培、销售和管理。早在20世纪60年代，海因茨·布尔施就将有着三百年历史的家族农场转型为有机栽培农场。

1.23　都市边缘的荒漠

关键词：圆桌会议　动植物　木质道

法兰克福除了拥有金融中心的显赫名声以外，还有一处极为珍贵而又不为人知的"秘密花园"——位于城市西部的施万海姆荒漠（Schwanheimer Düne），它是欧洲仅有的5个内陆荒漠之一。这个面积为58.5公顷的内陆荒漠诞生于10000年前最后一次冰河期之后。

1. 荒漠概况

在20世纪初这里曾被大量挖掘沙土，并且为此造了铁路用于运输，沉重的架在轨道上的运输车由工人或马匹拉送。

在第二次世界大战时这里还架设了高射炮。战争结束以后，又有一个名为奥托-施密特（Otto Schmidt）的企业在这里采沙，形成了今天这个保护区里最大的湖泊。这片禁止参观者入内的区域是某种濒临灭绝的鸟类最重要的回迁地和两栖动物的栖息地，岸边的一些禽类以捕鱼为生。

这片欧洲数量极少的内陆荒漠生长着极为罕见的、价值很高的干草原植被。在最后的冰河期之后，莱茵河沙石被吹到现在的荒漠地区，并在这里沉积为颗粒细小的贫瘠沙土，经由周围的松木很好地保存下来。一些很稀有的植物，如十字花科的中欧芥（Bauernsenf，拉丁名Teesdalia nudicaulis）和海石竹（Sand-Grasnelke），便依托这样的

环境生长出来。

这个区域早在 1984 年就被黑森州公布为自然保护区,2002 年该保护区扩大到近 60 公顷。2003 年这里又被作为“动物栖息地”加以保护。

这里很大一部分土地还是荒芜一片,草丛和树木也很少见。与普通人概念中的自然保护就应该任其自然生长不一样,荒漠的保护还特别需要人为的干预。因为某些植物的生长速度极快,如果不加以干预,那么 100 年后,德国 98% 的荒漠就将会被森林覆盖,剩下的 2% 则是沼泽地。为了控制植物的生长,每年有两批羊群特意被放牧到这里来吃草。

为保证物种的多样性,这样的荒原环境同样需要人们加以保护。在这里,人们可以看到小鸟在草堆中筑巢,啄木鸟在开阔的空地上寻觅蚁类果腹,一些两栖动物和爬行动物也生活在这里,靠捕食鸟类为生。但自然区保护不仅仅是任所有这些生物自由繁衍、生长,在某些情况下,也需要人为地加以保护。比如这里的一种日本灌木“蓼”春天冒芽,繁衍极快,工作人员就只好尽可能地挖地铲除它们,但谁也不能保证能清除掉地面下残留的根须。要维持这些工作,需要一定的经费支持。

目前,这里每年两次召开有关该地区保护的圆桌会议,参加者为施万海姆荒漠的代表以及城市、联邦政府、德国自然保护协会、城市管理局、林业局和业主代表。必须让那些知道这一荒漠价值的部门一起着手努力,才能将之保护好。

2. 动植物

这里生长着 8000～12000 种的草原植物。大约 1 万年前,这些植物从欧洲东部和地中海地区传播过来。当时的中欧是以干旱草原为主要陆地景观的地区,树木的缺乏和干燥的空气使得干草植被保留下来。因为荒漠中食物短缺和干燥的气候恰恰适合那些喜好这种环境的动植物生存,例如典型的地衣植物,很多昆虫也寄居其间。

荒漠的外围区域主要被贫瘠的草地所覆盖,一些以前地中海地区移植过来的植物,逐渐适应了这里的干燥环境,继而生存下来。

森林区域则生长着矮小的灌木状的松树,这种松树长着长长的枝丫,外形有别于在法兰克福城市森林里的松树。这里还有一些几乎是原始的地区,其植被主要由不同的苔藓和地衣混在一起,或是被其他的菌类覆盖(图 1-10)。

在荒漠核心区的小沙丘和坡地上生长着在黑森州濒临绝种的地衣植物,它们一般扎根很深,尽力依附在沙土上。在这里也生长着种类众多的针叶植物。

除植物以外,这里的动物物种也很丰富,还放养着羊群,这是在联邦自然保护协会管理下用于自然保护的目的而放养的。当然,昆虫的种类也不少。

2003年以后,和其他的荒漠一样,一种中欧最大的掘土蜂(图1-11)不断在这里出现。这种蜜蜂是生活区域往北扩张了还是因为气候原因短暂地栖息在此还有待进一步观察。

图1-10 施万海姆荒漠中的菌类   图1-11 施万海姆荒漠中的蜜蜂

3. 参观荒漠

荒漠地区有着不同的沙地、贫瘠草地、森林甚至还有少量的湖泊,这样罕见的景观自然也吸引了保护者和科学研究以外的人们。穿越这一荒漠有东西、南北两条道路,它们在中间交叉。1999年,人们在沙质地区用木板架起了步行路(图1-12),以保护脆弱的动植物不要受到破坏。参观者不允许离开规定的通路,骑自行车的人出于安全考虑也要下车推行。在步行路的某些节点会有信息牌,向参观者介绍相关地点的动植物信息。

图1-12 施万海姆荒漠中的木质道

1.24 《德国农业2011—2021》预测报告

关键词:能源作物 VTI基线 情景分析

2012年3月,德国图恩农业经济研究所发布的《德国农业

2011—2021》预测研究指出：无论是从农业贸易角度，还是农作物种植结构对环境的影响角度，能源作物都将会对未来德国农业发展产生重大影响。

德国图恩农业经济研究所每两年都会利用经济模型，包括企业运行、区域和市场模型，即所谓的复合模型，就德国农业发展发布预测报告。预测报告的出发点是现行农业政策不作改变，综合某些外部条件，如全球经济增长等，分析后获得被称作"VTI 基线"的数据。通过"VTI 基线"可以利用情景分析法分析各种政策选择对于德国农业所产生的影响。这次公布的预测报告是德国图恩农业经济研究所与德国联邦食品、农业和消费者保护部（BMELV）共同努力合作的成果，并首次加入农业气候研究，详细地描述了农业对于环境的影响。

资料显示，欧盟农产品的贸易赤字一直处于上升状态，2010 年达到 35 亿欧元。根据欧盟生物质替代燃料标准和配额等强制性规章所规定的生物质燃料占运输燃料份额 5.8％的目标，欧盟各国一直以来都需要加强进口油籽和谷物作为生物燃料的生产原料，这些欧盟颁布的强制性规章对世界市场产品价格产生了极大的影响。除此之外，在对"VTI 基线"进行情景分析中，德国植物农产品的价格也是处于一个相对较高的水平；而动物农产品则受世界市场饲料价格高涨的影响，也处于高水平；德国国内市场奶制品价格随着世界市场日益增加的需求保持高位运行。

经过包括企业运行、区域和市场模型在内的复合模型进行的分析得出，为促进获取能源的生物质作物种植对德国的农业土地利用的发展影响极大。依据 2006—2008 年的平均数据，到 2021 年，德国能源用玉米的种植面积将从 45 万公顷增加到 140 万公顷，不仅将占用预留土地，还将减少粮食及油籽作物的种植面积。在取消牛奶配额后，德国牛奶产量到 2021 年将增长 7％，与现行牛奶生产方式相同，还将继续使用草原。

与 2006—2008 年的数据相比，在新的"VTI 基线"中，每个农民的平均收入将有所降低，但仍高于以往 10 年内平均值。与奶牛养殖场（－4％）和其他饲料生产场（－15％）的收入下降趋势相对的，种植粮食、油籽作物，以及能源用玉米种植者的收入将会高于平均水平。其他养殖场虽然受益于猪肉、鸡肉价格上涨因素，但收入水平仍然会低于平均值。

目前，德国农业中氨氮排放量虽然已经符合欧盟所规定的排放标准上限，但受不断增长的单位产量和能源作物种植的影响，未来必须提高氮肥强度，氮平衡将上升 10％。同时，在集约化畜禽经营区域也会存在氮的问题。生产沼气所产生的发酵残余物在氮利用率较低时也将成为新的氨氮排放源。为促使德国氨氮排放量继续符合欧盟要求,还需要在今后继续减少排放。

1.25　德国农业农药使用报告 2010

关键词：农药　抽查

2012 年 1 月,位于德国布伦维克的德国联邦消费者保护与食品安全局发布了《德国农业农药使用报告 2010》。报告显示,在德国农业生产中,绝大多数企业和种植业都严格依据德国相关法规使用农药,没有违反规定的现象;但在花卉种植业和苗圃中,还存在超量使用农药的情况;在进口农作物和树木中,约有 1/5 的被检产品存在农药使用不当,以及使用已在德国禁止使用的农药产品。

2010 年,共有 4909 家农业、园艺和林木业企业被德国联邦消费者保护与食品安全局抽查。主要检查项目包括:是否拥有农药产品使用的专业知识,是否正确留存所有农用机械和农药证明文件和应用手册,以及符合审计要求的农药应用过程文件。检查结果表明:98.4％的上述企业拥有农药产品使用的专业知识;97.7％的上述企业保存有所有农用机械和农药证明文件和应用手册;96.7％的上述企业为农用机械定期检查提供了相关文件;90％的上述企业可以提供符合审计要求的农药应用过程文件。

德国联邦消费者保护与食品安全局还对 2558 家农药经营企业,以及网上经销商进行了抽查,结果表明:所有经营者中 96.2％的销售人员拥有农药产品相关的专业知识,91％可以为用户提供良好的技术支持服务;超过 86％的经营者提供了符合要求的农药销售报告。但仍有 1/5 的经营者还在销售许可证已过期的一种或多种农药。

约有 18.3％的花卉种植业和苗圃中存在问题,主要是在种植相关作物时使用了不应用于该作物的农药,以及在进口作物中存在使用已在德国禁止应用的农药产品。

该报告中还对应用于空地,如人行道、房屋入口、停车场和企业通道等,除草剂的使用情况进行了重点描述,约有 38.9％的被检查区域内,未经许可使用了除草剂。在上述空地除草时,按德国相关法规规定,一般情况下禁止使用任何除草剂,只有当有关部门获得使用者提出的申请,证明没有除使用除草剂外的其他方法,以及证明不会对周边环境造成不良影响时,才会颁发许可证,允许使用除草剂。

德国联邦消费者保护与食品安全局(BVL)隶属于德国联邦食品农业和消费者保护部,并相对独立,负责在德国发放植物保护产品,兽药和基因改良产品许可授权。在食品和饲料安全方面,德国联邦消费者保护与食品安全局负责联邦政府、各州和欧盟之间不同层次的、全面协调和合作管理工作。并与欧盟其他成员国的国家主管部门进行合作,提供全面的消费者保护。

1.26　日本转基因农作物的情报交流

关键词:转基因　食品安全　健康

转基因技术是以重组 DNA 为代表的生物技术,也是 21 世纪最重要的高新科学技术之一。然而近年来,由于食品安全方面的重大事件在世界各地不断出现,引起人们对食品安全的极大关注。因此,由转基因技术开发的转基因食品是否对人体健康有害,将成为争论的热点。对转基因农作物的情报进行交流需求也将成为一个重要课题,其主要内容如下。

(1)转基因农作物的安全性。

(2)转基因农作物涉及的各个国家政治、经济、社会和宗教、伦理等各个方面的问题。

(3)转基因农作物和食品的安全性评估。日本制定和修改了很多有关生物安全方面的法律法规,加强对转基因作物和食品的管理。

(4)转基因农作物和食品的毒性强度由摄取量的大小来决定,科学家在这个基础上依据科学标准值对化学物质的危险程度进行评估。

(5)向国民广泛传递信息和收集意见。

(6)作为饲料的安全性评估。转基因食品是否有可能生成新的有害物质,这些有害物质在家畜的肉、奶等产品中是否有转移的可能。

(7)对生物多样性影响的评价。对转基因生物运用的规定将在卡塔赫纳国际法律(生物多样性保护法律)的基础上,确认转基因生物对生物多样性(环境方面)的影响。

1.27　日本公布现代农业生产工程管理纲要

关键词:现代农业　生产管理　标准

"良好农业规范(Good Agricultural Practices,GAP)",是 1997 年欧洲零售商农产品工作组(EUREP)在零售商的倡导下提出的。2001 年 EUREPGAP 标准对外公布。该标准主要针对初级农产品生产的种植业和养殖业,分别制定和执行各自的操作规范,鼓励减少农用化学品和药品的使用,关注动物福利、环境保护、工人的健康、安全和福利,保证初级农产品生产安全的一套规范体系。

这一管理方法对改善农业生产经营、提高农产品品质、保护环境以及提高食品安全水平等方面具有重要意义。据日本农林水产省调查,日本已有约 1600 个农产区实施了这一科学管理方法,但各地的实施内容和标准都有差异,这对农业生产的统一管理带来弊端。对此,农林水产省根据国内和国际农业发展新形势制定了适用于全国的现代农业生产工程管理纲要并于 2010 年 4 月对外公布。

纲要内容主要有以下几个方面。

(1) 食品安全:土壤环境和农业用水环境卫生监管、农药使用标示、从业人员卫生监管、防霉菌对策、防镉对策、防异物对策。

(2) 环境保护:标准化施肥、使用有机肥料、科学处理农业废弃物、节能。

(3) 生产安全:使用防护工具、农业机械安全检查、科学管理燃料等危险品。

经过以上事项检测过的农业生产才是科学的、合法的现代农业生产管理。目前该纲要主要适用于蔬菜、大米、小麦这 3 类农产品,其他农产品的管理事项尚在制定当中。

1.28　日本农业改良资金支持农业创新

关键词:无息贷款　创新

日本农业改良资金是日本政府面向农业、农民和农村所设立的无息贷款制度,主要用于鼓励包括改进良种、引进新技术新设备以及拓展新销售方式等在内的各种创新尝试。

该制度一直由各级省市政府提供资金支持并负责日常运作。2010 年 10 月 1 日,为了在农业发展中充分发挥金融的作用,日本政府将其移交至日本政策金融公库(100% 政府出资的金融机构),并对担保人和延迟还款这两个条款作了弹性变更:① 日本政策金融公库可根据实际情况免除申请贷款的担保人;② 除发生自然灾害或贷款人死亡情况外,当遇到农产品价格回落或原材料价格升高时,日本政策金融公库也可允许贷款人延迟还款。

新贷款制度仍然保留了全程无息和贷款主体多样化(主业或副业为农业的组织或个人)这两大优点,有利于鼓励农业从业人员或组织在农产品种植、深加工、销售等各个流程进行创新。

1.29 以色列基本农业政策和措施

关键词：外向型 产业结构 科研 体系

（1）大力发展高科技、高收入的外向型出口农业。

以色列建国后曾追求实现粮食等农副产品的自给，忽视了自然资源条件恶劣的现实，结果是农产品长期大量进口，财政负担沉重。20 世纪 70 年代后，政府及时改变了发展战略，对农业产业结构大幅度调整，较大规模地缩减粮棉的种植面积。谷物播种面积由 20 世纪 70 年代末的 12 万公顷下降为 20 世纪 90 年代中的 10 万公顷，2000 年进一步下降为 5 万公顷。棉花播种面积由 20 世纪 80 年代中期的 6 万公顷降为 20 世纪 90 年代末的 2 万公顷。同时，以色列加大了适宜本国气候条件、经济收入高的出口产品的种植，如水果、蔬菜、花卉等经济作物和畜产品。这种调整弥补了自然资源的先天不足，发展了优势产品，由出口带动了农业的发展。

（2）积极发展农村的第二、第三产业，实现农村产业结构调整。

过去，农业是基布兹、莫沙夫的唯一经济来源。经过多年的调整，农产品加工、流通等第二、第三产业迅速发展，农村的产业结构不断优化，实现了农村经济、社会的全面发展。基布兹既涉及食品加工、轧花、纺织品、木制品、橡胶制品、建材、纸张等传统行业，也涉及光学设备、高级灌溉系统、农业机械、电子装置等现代行业，还进入到生物化学、微生物、生物工程等新兴行业；商业、服务业也得到发展，在第二、第三产业就业的"社员"已占总就业人数的 80%。

（3）将节水、改造沙漠、培育适合本国自然条件的农畜品种等作为农业科研重点。

以色列农业和自然条件很差，缺水、干旱、沙漠化，对农业生产极为不利。但通过采用先进的农业灌溉技术和建立发达的灌溉系统，使其耕地的大部分实现了水利化。在农业技术体系中，灌溉技术始终居于核心地位。灌溉技术的推广，不仅大量节约了农业用水，提高了农业生产率，也节约了成本，增加了农业收益。此外，在沙漠改造、培育特色农畜品种、利用太阳能、农畜产品高产和高速繁殖、病虫害防治等方面也重点投入了人力、财力，对成就如今高度发达的农业发挥了重要作用。

（4）建立完善的农业科教和推广体系。

全国共有 30 多处从事农业科学研究的单位，大体分为基础性和应用性研究两类。第一类是以基础性、宏观性的研究为主的机构，如戈尔登农业自然及基尼烈河谷研究所、农业经济研究中心、维氏光合作用研究所、植物研究所、动物研究所、以色列生物研究所、海洋湖泊研究所、灌溉排水研究中心、土壤和水分研究中心等；第二类是以应用性研究为主的机构，如大田作物与园艺作物研究所、纤维研究所、土壤侵蚀研究所、肥料和土壤研究中心、农业工程研究所、农产品工艺与储藏研究所、植物保护研究所、"科亨"生物防治研究所、"基姆龙"兽医研究所、鱼产品研究所、鱼病研究所、林产品研究所等。这些农业研究单位主要由农业部管理，其经费来自政府财政拨款和其他渠道，如农业生产者组织、技术成果转让、国际合作基金等。另外，还有地区性研究开发机构，如约旦河谷研究与开发管理局、布劳斯坦沙漠绿化研究所等。不少大学也设有一些专业性研究单位，如特拉维夫大学设有高产作物研究所，希伯来大学有机化学部附设自然物质研究所、生物防治研究中心、环境研究和管理中心，内格夫本·古里安大学有沙漠研究所等。

在农业教育方面，耶路撒冷希伯来大学设有农学院，下有 12 个系，附属 4 个研究实验中心。此外，有罗氏农业工程学院。在培训推广方面，鲁平培训中心和戈尔加麦尔山国际培训中心等为发展中国家培训推广人员和推广实用技术。农业部农业技术推广服务局专司农技推广，负责收集、核查和分析农业科研成果，并及时传授给农民，进行技术指导和咨询。农技推广是政府承担的一项重要公共服务，是免费的，所需经费绝大部分由财政拨付，少量来自农业生产者组织的资助。

1.30　农业信息化发展战略

关键词：信息化　成本　通信技术

农业信息化，泛称"电子农业"（e-Agriculture）。它是一种通过信息通信技术（ICT）等实现知识获取和信息沟通的手段，也是用以提高农业可持续能力以及食品安全的新理念。

1. 农业信息化时代到来

现今，新型数字化系统已经能够实现全球范围内农业科技创新和农产品市场销售等方面的信息共享，多种渠道的信息和知识成为新时代农民提高农作物产量和禽畜饲养能力的根本推动力。通过及时有效地了解农业市场动向、灾害性天气等突发状况、先进的农产品种植和培育方法等先进技术，世界各国农村居民的生产和生活水平将不断得到改善，一个新的农业信息化时代已经到来。

2. 农业信息化发展瓶颈

由于信息通信技术及系统的不菲投资成本，多数发展中国家的农民还无法真正享受到先进的数字化农业信息交流所带来的福祉。

因此,今后发展中国家的中央和地方政府以及民间合作与发展组织,必须采取有效措施,确保数字化技术和信息在当地农村地区得到广泛应用。否则,普通农民生产和生活水平与依靠先进技术指导寻求发展的农民相比,差距必将不断扩大。

此外,有关部门还必须解决快速更新换代的新型计算机软硬件与旧型号产品的兼容问题,从而降低技术应用成本;解决国际互联网信息多数为非当地语言问题,协助农民准确地获取信息和知识等。

3. 农业信息化的技术支持

信息通信技术作为实现农业信息化的技术前提,其利用方式应由不同地区的特定需求和服务决定。对于大多数国家的农村地区来说,建设传统的农业综合信息网站或交流频道都是可取的农业信息化实现途径。尽管互联网仍然存在接入方式相对单一等缺陷,但作为一种重要的信息和知识交流媒介,互联网依旧具有资源量大、获取成本低廉等其他媒介无法比拟的强大优势。

此外,移动通信技术同样不失为一种高效的农业信息化媒介,能够快速简洁地向农民提供诸如农产品市场价格、天气预报、种植建议等信息。

4. 农业信息化的优先发展领域

农业信息化的发展需要科研人员、农民、国际开发商以及信息或知识媒介等社会各界的广泛参与。农业信息化门户网站 www.e-agriculture.org 为成员交流意见和经验、互通有无提供了一个良好的平台。2007 年举办的一系列在线论坛和面对面交流进一步加深了成员对"农业信息化"的理解,明确了未来应继续加强其信息和知识系统的建设,并提出了优先发展的领域。

(1)市场

支持交流门户网站的建设和发展,为农民、运输商、贸易商、买方等进行及时有效的信息沟通和合作提供便利,特别是要为农业小生产者进入市场开拓有利渠道。

(2)农业生产

为农业技术信息的重新整合提供投资,向农民发布通俗易懂的农业技术信息资源;将电台等传统信息传播媒介与现代通信技术相结合,注重发展财政可持续性(Financial Sustainability),为农民获取信息提供更先进的服务。

(3)研究和创新

农业技术信息系统建设必须从当地实际出发,与区域和国际的农业技术信息系统相融合,并与决策者建立和保持稳固联系。为此,应加强对该系统基础设施和人力资源建设的投资。科研人员需要进一步培训,利用数字技术进行知识交流。

5.　决策考虑

对农村贫困地区的通信基础设施投资,应充分考虑当地经济条件和社会效应。由生产者到用户的单向式信息流通方式应转变为涵盖各方参与者的互动式网络体系,为"农业信息化"领域内的成员以及科研机构共享信息和知识提供便利。

1.31　国际粮食政策 2020

关键词:粮食　价格　农产品

华盛顿国际粮食政策研究机构(International Food Policy Research Institute)的专家认为,全球的变暖、都市化和日益缩小的播种面积,以及人民生活的进步,是价格及粮食需求增长的基本原因。

不久以前刊登的一份学院报告认为,至 2020 年,农产品生产的世界平均水平将下降 16%,发展中国家将下降 20%。实际上,世界所有国家每年的粮食消费都超过它们的生产。特别是在中国和印度等消费迅速增长的国家和地区。

提高粮食产量与增加生物燃料关系密切。例如,最近 12 年,对生物燃料的需求增加了 66%,植物油增加 50%,这导致了玉米价格的上涨。此外,粮食涨价是引起社会不稳定的重要因素。例如在墨西哥,粮价的上涨已经激起广泛不满情绪。

对于发达国家而言,应该解除商业障碍,并为发展中国家开办自己的粮食市场,这对农业发展具有额外的刺激作用。

同时,发展中国家应该增加对基础设施和市场的投资,促进发展农场业,增加农业科学研究的投资。

第 2 章　精 准 农 业

　　精准农业是当今世界农业发展的新潮流,是未来农业发展的新方向,前景广阔,其不仅能提高农产品产量和质量,而且对生态环境能起到良好的保护作用,使农业可持续发展。精准农业将现代信息技术、生物技术、工程技术等一系列高新技术结合,实现了农业的低耗、高效、优质、安全生产。精准农业的核心技术是地理信息系统、全球定位系统、遥感技术和计算机自动控制技术,这些技术系统欧美发达国家已经具备。

2.1　有利于精准施肥的一项研究

关键词:冠层反射　反射光　氮肥

　　农民常常在一年的某个特定时节通过观察作物的颜色来判断其是否需要氮肥,但肉眼观察具有很大局限性。为此,美国肯塔基农业大学的研究者开发了基于冠层反射的观测方法,以判断作物是否存在氮元素不足。

　　研究者借用遥感平台分析植物表面反射的可见光或不可见光的波长,根据分析数据决定植物是否需要补充氮元素。这种方法不仅能够提高产量,也有益于保护环境。操作过程中,遥感平台从植物旁边经过,采用主动和被动光学扫描仪读取植物反射光的两种波长。

　　农业实践中要将土壤的各个特性指标评估后再进行施肥是不现实的。因此,通过感应器来评估显得快速便捷。目前,新的快速检测设备造价很高,研究者希望未来价格能够逐渐降低,使广大农民都能从中受益。

2.2　应用于农业节水的软件

关键词:节水　卫星数据　传感器

　　世界范围内 70% 的水资源被用于农业生产中,研究人员一直希望通过获得农作物生长所需水量的准确数据,以达到高效利用水资源的目的。

美国加利福尼亚的研究人员利用美国航天局开发的,用于洪水、干旱和森林采伐预报的地表监控与预测系统(TOPS),开发完成了一套农业节水软件系统,并与当地农业生产者合作,开始了为期 18 个月的试验。

该软件系统利用科学家设计的新算法,将卫星数据与地面无线传感器所获得数据相结合,对当地温度、湿度和降水量等环境数据,以及当地气象预报进行分析后,获得农作物生长所需水量数据,储存在中心数据库内,实时提供给农业生产者用于优化农作物灌溉系统。

研究人员指出,仅仅依靠传感器数据就可以节约 20%～25% 的用水量。现在利用该软件系统可以更好地节约用水。

2.3 美研制出可控水量的精确灌溉系统

关键词:精确灌溉 叶片温度 自动化

据了解,美国得克萨斯州农业研究服务局(ARS)的土壤学家史蒂文及同事,目前正在开发一个农业精确灌溉控制系统,该系统以农作物叶片温度变化自动控制所需灌溉用水量。自动化灌溉系统作为可持续利用蓄水层的主要途径,能有效利用水资源。

2.4 高科技收割机提高水果收割效率

关键词:浆果收割 成本 V45

近年来,为了满足人们不断增加的绿色、优质水果的消费需求,美国的商业化农产品种植者纷纷开始大面积种植草莓、蓝莓等浆果。随着产量的大幅增长,如何在保证水果质量的前提下,降低蓝莓等水果的种植成本,成为美国南部果农们最为关注的问题。

现在,来自美国农业部(USDA)的科学家利用"V45"收割机,成功地解决了这一问题。"V45"意为"V 形 45 度角切割工具",早在 1994 年就已经问世,但应用于大面积收割蓝莓等小体积水果尚属首次。这种收割机拥有先进的植物茎切割系统和定位系统,而且设备与蓝莓等表皮易破裂水果直接接触的部分也加装了衬垫。

目前,"V45"已经在密歇根州成功通过了首次试收割,其收割效率较人力收割相比大幅提高,但尚未被广泛应用于浆果收割。

2.5 美发明识别固氮细菌新方法

关键词:固氮细菌 选择剂 钝化

2008 年 8 月,美国农业部下属的研究机构——美国农业研究服务局(ARS)的科学家 Paul Bishop 和 Telisa Loveless 会同北卡罗来纳州立大学教授 Jonathan Olson 和 José Bruno-Bárcena 一起,共同发明了一种无须经过基因组测序或遗传修饰,即可识别固氮细菌的新方法。这项成果将有利于更高效地生产清洁能源氢气。

固氮细菌是以空气中的氮气为养料,形成自身蛋白质的微生物。它们生活在土壤以及某些植物的根部,把空气中的氮转化成化学养分来供植物生长。

研究人员通过使用一种选择剂来找到能产生氢气的固氮细菌的菌株,而无须通过基因组测序或者遗传修饰。研究人员可使用该选择剂来确定一个基因,使细菌的氢气摄取活动系统钝化,于是产生的所有氢气都被释放出来,继而被收集作为燃料。

2.6 反光颗粒薄膜改善苹果质量

关键词:颗粒薄膜 远红外照射 颜色 产量

美国农业部农业研究中心的一项研究表明,向苹果树喷洒含微矿物颗粒的薄膜能够改善苹果颜色,提高单个苹果重量。负责此项研究的 D. Michael Glenn(研究中心领导人)和 Gary Puterka(来自研究中心小麦、花生和其他农作物研究实验室),他们向苹果园的果树整体喷洒颗粒薄膜(这些含矿物质的颗粒薄膜允许水和二氧化碳通过),并就此展开了长达 3 年的研究。

研究过程中,对一部分果树,在排与排之间有草的地方覆盖铝塑料薄膜(ALF);另有部分果树上、果树间的草地上都喷洒含有颗粒的反光膜(PF);第三组果树不做任何处理。期间,铝塑料薄膜一直改变着苹果的颜色,而含有颗粒的反光膜两年里使苹果越来越红。果树间的草地喷洒了含有颗粒的反光膜的,苹果的平均重量在 3 年试验期中一直都在增长,未经过处理的和用铝塑料薄膜处理的则不然。

其机理可能是颗粒薄膜改善了反射到苹果表面光的质量,这种反射光提高了远红外照射条件,从而有益于果树颜色的改善和重量的提高。颗粒薄膜还能降低植物所受的热量和水压,这也为产量提高创造了条件。基于这些研究结果,研究组将继续探索新的果树管理技术,使种植者能以更经济的方式提高苹果的质量。

2.7　太阳能环保自动除草机

关键词：太阳能　GPS　传感器　除草

近日，美国伊利诺伊大学香槟分校农业技术工程师雷田和他的学生共同开发出一款能够自动搜寻并除去杂草的太阳能自动除草机(图2-1)。自动除草机高2英尺、宽28英寸、长度将近5英尺，靠轮子来移动时速可达3英里。它配备了全功能的计算机和80G硬盘，可以用无线网络连接互联网。

图2-1　太阳能自动除草机

这款机器使用GPS导航系统，在其顶部装有两个小摄像头用来提供信息。一旦摄像装置发现杂草，内置的计算机可以立即确定距离，并提供植物的形象资料来协助机器人辨别杂草。确认后，机器前端的机械臂即启动一个被称为"定制终结效应器"（a custom-designed end effector）的设备杀死杂草。

由于除草机并非广泛地在田里喷洒除草剂而只是直接针对特定植物，因此这一系统有很好的环保效果。这不仅能降低除草剂用量，而且也不会使直接作用于特定植物的化学剂扩散。目前为止，这款机器仅用于除草，然而研究者希望今后能为它装上更多种类的传感器，以使其能够鉴别土壤成分和植物情况。

2.8　中美科学家发现控制稻米产量的关键基因

关键词：GIFI基因　转化酶　产量

2008年10月，来自美国和中国的科学家在英国《自然遗传学》（*Nature Genetics*）杂志最新一期（Vol. 40, No. 10）的电子版报告中发表了他们的最新研究成果——水稻的一个特定基因负责控制米粒的大小和分量。

据参与研究的宾夕法尼亚大学华人科学家马宏介绍，研究工作表明，通过加强某个特定基因的表达，可以实现稻米增产的目标。这个新基因的发现将有助于培育高产转基因水稻新品种。

研究人员首先在水稻中筛选出一些米粒分量明显不足的变异植株,并从中鉴别出一种特殊的变异植株,这一植株根本无法长出正常大小的米粒。于是,他们对该植株进行进一步的研究,发现它的 GIFI 基因出现变异。GIFI 基因负责控制水稻中转化酶的活动。转化酶位于水稻的细胞壁上,负责将蔗糖转化为用于合成淀粉的物质,这些物质继续发育后会长成米粒。如果转化酶不活跃,水稻就很难长出饱满的颗粒。

试验发现,如果 GIFI 基因正常无变异,转化酶活性正常;如果 GIFI 因发生变异而表达不够,转化酶的活性仅为正常水稻的 17%。研究小组培育出一种转基因水稻,使 GIFI 基因过度表达,结果发现,这种水稻的颗粒比正常水稻的大,分量也更重。科学家希望他们的这一成果能够帮助水稻育种科研人员培育出颗粒更大、更饱满的新杂交品种。

2.9　欧盟大力推广垂直农业

关键词:单位面积　多层　混养

由于垂直农业(图 2-2)在农用土地利用率和农产品产量上的提高,以及它在荷兰的初见成效,欧盟开始意识到垂直农业的发展将会引发一场农业革命。

荷兰根据各种动物、植物、微生物的特性及其对外界生长环境的要求,在同一单位面积的土地或水域,最大限度地实行多层次、多级利用的种植、栽培、养殖等。如水田、旱地、水体、基塘、菜园、花园、庭院的立体种养等;林地的株间、行间混交和带状、块状混交等;水体的混养、层养、套养、兼养等。在地势起伏的地区,农、林、牧业等随自然条件的垂直地带分异,按一定规律由低到高相应呈现多层性、多级利用的垂直变化和立体生产布局。

图 2-2　垂直农业

欧盟认为,垂直农业不仅仅是一种节省空间的做法和农业合理布局,还将得到环保及相关产业链的收益。欧盟在 2009 年上海世博会上大力推广垂直农业。

2.10　英政府提供有机农业生产咨询服务

关键词：有机　免费　咨询

2008 年 3 月 25 日,英国环境、食品和农业部启动了国家信息和咨询服务体系,为有意从事有机生产的农民提供帮助。据悉,该服务体系将由国家农业热线服务电话和农业咨询网站构成。目前,该计划已获得欧盟委员会批准。环保组织"自然英格兰"(Natural England)将代表农业部开展具体工作,向农民提供有关有机生产的免费信息和咨询服务。这一服务体系建立后,将取代 1999—2006 年间由土壤协会和 Elm 农场研究中心运营的"有机转化信息服务"体系(Organic Conversion Information Service)。

2.11　英国启用新型农业在线服务系统

关键词：在线服务　帮助　自我评估

2008 年年初,英国环境、食品和农业部(Department for Environment, Food and Rural Affairs)联合组建的最新"农业系统通道"(Whole Farm Approach)在线服务系统成功启用。该系统为登录该网站的农民客户提高生产效率、获取最新农业科技和服务信息提供帮助。而且,该系统提供的"自我评估"服务项目可以帮助农户及时了解养殖中存在的问题,并采取改进措施,有利于保证农业生产的顺利进行。

2.12　法国 FARMSTAR 计划利用卫星图像引导种植

关键词：精准农业　信息产品　卫星图像

2002 年,法国 EADS/Astrium 公司通过与一些农业机构合作,开发了一个精准农业计划——"FARMSTAR"。该计划主要的客户是法国的农业从业者、欧洲农业会以及英国与德国的下属成员。

FARMSTAR 的主要使命是,通过给农业组织及农民提供信息产品,优化和改善种植管理。凭借法国斯波特图像公司提供的卫星图像,Astrium 公司做出种植状况图并提出一些建议。从 2002 年开始,这些商业公司花了 6 年的时间来完成这个计划。

订购了 FARMSTAR 服务的种植者可以在小麦的每个不同种

植阶段收到如何管理土地的建议。在取得卫星图像后的 5 天之中，客户在不必停止垦种工作的情况下，实时接收到一些预测图、产量图，同时还有种植指导。农田的每张图都配有可直接利用的数字结果。

　　系统运行过程：农业经营者在就近的合作点为他们准备接受指导的土地做好预定，同时提供土地基本信息（像农作物品种、播种时间、土壤深度、灌溉等）。Astrium 公司将根据所提供的信息建立相应的数据库。

　　运行结果：通过对土地多方面的考虑可以获得全方位的资料，同时也可做出最适宜的投入；远程的控制节约了采集样本的时间；节约了经济投入，提高了产量和质量，增加了收益，保护了环境，因此，FARMSTAR 计划最终正式获得法国农业部的推广许可。对于那些农业合作机构来说，它们获得了在土地管理范围内的尖端知识。

　　FARMSTAR 对未来的展望是提高在法国的土地跟踪面积，并在其他国家及其他种植业中拓展市场。另外，为了更好地配合商家开拓市场，斯波特公司将继续改善和开发更多不同的以精细农业为主题的图像服务。

2.13　法国农业机械自然环境下自动制导装置的研究

关键词：制导　滑行　轨迹偏差

　　通过对农用机械自动制导装置的研究，农用车辆将可以适应像滑行这样在自然环境中较为复杂的作业行为。目前，这个领域的主要理论研究是围绕研发新的防止机器翻倒的驾驶员辅助设备进行的。

　　对于一些像播种、施肥、喷洒农药等农业作业来说，那些可以提高作业轨迹精确度的自动制导系统，不但可以使得农业工作者将注意力完全集中在农业工作中、提高工作质量，还可以减少对周围自然环境的影响。目前的自动制导设备只适用于那些在平地和直线环境下工作的农用工具，而不能应对实际环境下的一些情况，比如滑行。因此，法国克莱蒙费朗农业与环境工程研究院的科学家联合当地电子自动化科学及材料实验室（LASMEA）以及信息、移动与安全技术联合会（TIMS），准备共同研发一个专门针对在不确定环境下工作的农用机械的控制系统。

　　传统的自动制导装置是基于一个安装在车顶的全球定位系统的传感器，来使我们能够实时地跟随我们的位置，根据这个位置及一个演变模式，计算器就可以调整方向盘的转向角度，但是它却不能整合像滑坡或起伏这样不规则路面的干扰情况。

新提出的模式将是基于那些最影响车辆在滑行状态下,其运动轨迹的参数而得来的,像跑偏角、期望性能与实际性能之间的表象差异等,而且为了保证数据的可利用性,所有的参数必须在实时状态下测量获得。

根据这个模式,一个旨在补偿横向滑动时产生的轨迹偏差的操纵系统已经被研发出来了,后面的研究主要是完善这个系统,从而提高农用机械工具在自然环境下的动力学稳定性,最终使机械使用者的安全性更有保障。

2.14　法国开发了一个用于物种鉴定的 DNA 数据库

关键词:物种　DNA　数据库

为了帮助农业工作者、林业工作者、环境技术人员,以及海关工作人员解决在日常工作中所遇到的有关物种识别的问题,法国农业科学研究院(INRA)通过几年的努力,整合了他们在长期研究中所获得的与农业和环境密切相关的动植物知识,开发出了一个公共数据库(R-Syst)。凭借数据库中所存储的相关生物部分 DNA 数据,用户可以快速、安全地进行生物体识别,就像指纹识别一样。

通过这样一个数据库的建立,法国农业科学研究院从事有机体描述、分类及识别的研究人员可以将他们所掌握的知识及能力直接转化并投入到公共服务中去。比方说,一个苹果种植者在苹果中发现了一种以前没有见过的毛虫,他将样本送到一家专门做基因排序的公司,之后将所得到的排序结果与 R-Syst 数据里已有的进行比较,如果有相关数据,那他将会得到一个由图文构成的描述性文件,并能从中更具体地了解该生物的相关信息,并获得一些处理的建议。

这个数据库的建成及维护主要是基于 INRA 全国性的试验室网络和其他一些研究机构所提供的鉴定参考数据,它们涵盖了以下方面。

(1) 2000 种对欧洲植物有害的昆虫。

(2) 60 种存在于法国与欧洲的蚜虫。

(3) 350 种法国蜜蜂。

(4) 50 种鳞翅目作物寄生害虫。

(5) 200 种森林害虫。

(6) 几千种菌类。

(7) 300 多种硅藻。

(8) 750 多种圭亚那树木。

整个数据库在三十多位(包括研究人员、生物工程师及计算机技术人员)来自不同机构的成员的共同努力下完成。R-Syst 数据库网站于 2009 年推出,第一个版本设圭亚那树木、有害昆虫及植物病原细菌 3 个板块。

2.15　通过饲料改良提高肉类亚麻酸含量

关键词:亚麻籽　ω-3 脂肪酸　亚麻酸

　　法国雷恩农科院研究者近期发现,将动物的饲料改良后,可使肉质结构发生变化。他们研究了在猪的饲料中混合亚麻籽(图 2-3)后,会对其肉类中所含 ω-3 脂肪酸比例产生影响。这项研究是与兽医科技研究署合作,以米兰大学和瓦罗莱克斯集团驻法国办事处的食品安全为课题的基础上研究完成的。

图 2-3　亚麻籽

　　已有研究成果表明,正常的 ω-3/ω-6 比例对人体意义重大。法国食品卫生安全署(Afssa)在 2001 年的营养报告上建议,在食物中应该增加对人类身体有益的 ω-3 脂肪酸的摄取而减少 ω-6 脂肪酸的摄取,使 ω-3/ω-6 比值趋于 5,即是良好状态。虽然宣传每天应摄取至少 2 克 ω-3 脂肪酸,但实际摄取量一般只有 800～900 毫克。因此在 ω-3 脂肪酸含量上还有上升空间。

　　以猪肉为例,不同的喂养方式即可导致等量的猪肉所含脂类比例不同。动物饲养及人类营养研究协会(SENAH)的研究者们决定利用这一特点,通过在动物饲料中增加亚麻籽(ω-3 脂肪酸的主要来源),来关注 α-亚麻酸、EPA(二十碳五烯酸)和 DHA(二十二碳六烯酸)含量的变化。

　　α-亚麻酸是产生 EPA 和 DHA 的重要元素,在后者的构成中占十分重要的地位。然而,这些不饱和脂肪酸只能在动物类食品中产生,仅仅通过食用富含脂肪酸的蔬菜是不够的,对于人体的心血管系统来说,更需要通过消化动物类食品来获得 EPA 和 DHA。

　　试验中,农科院的科学家们将 40 只猪分成两组,分别喂入等能量等脂肪的饲料:第一组中含 2.5% 葵花籽油;第二组中含 5% 压缩亚麻籽。两组材料所含多不饱和脂肪酸各有区别:葵花籽油的 α-亚麻酸含量为 3.6%,而压缩亚麻籽的含量为 19.9%。

　　结果显示,第二组猪肉所含 ω-3 脂肪酸,尤其 EPA 和 DHA 含量大大超过前一组。饲料中加入亚麻籽可同时提高猪脊背脂肪组织和背最长肌(用于烤肉的主要原料)中 ω-3 脂肪酸的含量。ω-6/ω-3 值也降到最低:背最长肌从 12 降到 4.5,脊背脂肪组织从

11 降到 3。和使用葵花籽油的猪相比,食用亚麻籽的猪的背最长肌中 α-亚麻酸、EPA、DHA 的百分比含量分别增加了 3 倍、4 倍、2 倍。

葵花籽饲料中含油酸、亚油酸,以单不饱和脂肪酸最多,ω-6/ω-3 值接近 15,表明其中含大量 ω-6 脂肪酸。

同时,研究者们将进一步关注和检测这些猪肉被制成产品之后,是否仍然富含 ω-3 脂肪酸,以及会不会改变原有的猪肉制品味道而导致消费者不会接受。

2.16　航空雷达在精细农业中的应用

关键词:激光　土壤　树木

2007 年 3 月,在法国的南锡,一项借助航空雷达的远程探测功能来勘测森林覆盖下土壤的精准农业技术被推出了。这项技术将深入地改变我们对土壤及其所覆盖森林的研究。

说到该项技术,还要追溯到若干年前,一种源自于北美的土壤害虫——松材线虫,成为欧洲松柏目森林的一大潜在威胁(森林占法国整个国土面积的 30%,并吸收空气中 17% 的含碳物质)。因此,法国国家农业研究院与英国中央科学实验室及葡萄牙一所大学合作推出了一项特别针对这种寄生虫的分子诊断探测计划。由于传统的测定方法在大片森林研究中的局限性,便使人们想到将远程激光技术应用到其中。

据一位项目负责人介绍,一个能在每平方米发射两到三个激光脉冲的遥测设备组成了该项技术的核心部分,它的科学理论原理是,根据所发射的高频激光光束在触及目标后,我们所接收到反射信号的时间及强弱,来探测目标的物理特性指标。在这之前,人们已经可以利用激光遥测技术得知云层的厚度及其组成,探测空气中的特殊污染物,绘制存在水涝危险的区域图等。而这次,科学家们在集中了先前现有技术的基础上,又研发出了两种新的数字模式,一个针对土壤,另一个限于树木,通过这两者的结合,我们便可以绘制出整个法国,乃至整个欧洲的农业耕地地图。

它的优点除了为考古学家及森林研究者提供了一种比航空测量还要精准的技术外,将使我们的精密地形测量图从现在的 50 米变成十几厘米;可以在短短几个小时内对整个森林进行精确客观的分析。另外,与传统的实地测定工具相比,通过激光所采集到的几十亿个扫描点可以自动将树木的形状特征呈现出来。从所获得的数据中可以知道树木的高度、获得被树木所覆盖土壤的情况,以及木材的数量等重要信息。

2.17 法国第戎"植物表现型"创新平台

关键词：PPHD 创新平台 可持续发展

法国第戎"表现型宽带互联网平台（PPHD）"于 2012 年 7 月 6 日挂牌，是一家研究植物表现型课题的机构。走进这个创新基地，就好比看一场科幻电影：装有可以变换的玻璃摩天大厦，可以调节室温、布满管道电线的封闭房间，里面有数以万计的植物，其中一些由机器人在操作种植，并由各种摄影机从不同角度拍摄。

这是可持续发展农业的一个典范，或称为"优先考虑环境的农业"，它要求人们将种植体系更新为一种以增加植物的遗传变异和机体组织交换为基础的体系，"因此有必要标明作物的表现型特征，以及非生物环境对作物的影响。"法国农业科学研究院（INRA）研究主任、PPHD 科学主任 Christophe Salon 表示，这意味着要能实现一种系统，能够平和地探索植物的遗传多样性，以及它们在不断变化的环境中和受到压迫、威胁和压力的时候的适应能力。因此需要一个受到一定条件控制，并有宽带的表现型平台，对植物及其表现型进行精确、持续的测量。

1. 被摄像机监控的温室

PPHD 是 2006 年开展的一个项目的成果，该项目后来的发展是由 INRA、勃艮第区政府、欧洲地区发展基金（FEDER）共同出资，并且该项目也作为后来法国展开的未来投资计划的一部分获得资助持续开展，集合了法国所有关于植物表现型的研究能力一起展开研究。第戎平台获得了多个创新设备，其中有两个基于不同波长进行图像分析的表现型系统设备，是最先进的工具。它们利用自动化无创手段把不同生物单元的特征描述出来。Salon 表示，该表现型手段要么被用于观测测量方法有限的大批植物，要么被用于观测数量正在减少但日常生活中十分常见的植物。

2. 创新是对 PPHD 最好的诠释

PPHD 无疑是一个很好的创新平台，它集合了 INRA 和勃艮第的中小企业来完成这一创新理念。它的检测方法有两大创新之处。一是实现了植物在贫瘠土壤中的生长，研究人员可以挑选某些植物和微生物或者微生物标本并将它们一起放在检测仪中，观察它们是怎样生长的。另一个创新就是打通了新品种植物的创造和挑选过程，借助这样一个平台，研究人员能够将植物的基因型和表现型以最快的速度结合起来，并很快了解植物的基因组。Salon 说道："我们的目的就是要找到最能满足人类需求的植物，以及最有能力适应我们所设定的环境并希望得到良好发展的植物。"

PPHD 接受来自法国农业生态学联合研究机构(即法国农业科学院、法国国家科学研究院、勃艮第大学、国立高等农业、第戎食品与环境学院)的研究人员,以及广大的来自法国和国际上的以高科技进行农业生产的科学团体,来共同进行这样一个在良好控制条件下,利用无破坏性手段,以植物为对象的可持续农业生产。

2.18　德国用维生素和矿物质育种

关键词：维生素　育种　营养含量

德国斯图加特-霍恩海姆大学(Universität Stuttgart-Hohenheim)的亚历山大·J.施泰因教授(Professor Alexander J. Stein)领导研究小组开发出一种新式的育种方法。该小组用多种维生素和矿物质培育稻米和小麦的种子,包括胡萝卜素、维生素 A 等。和普通育种方法对比,这种育种方式将比后者的营养含量高出 170%。斯图加特大学的调查结果表明,食用这种作物比服用人工维生素效果更明显。

斯图加特霍恩海姆大学植物及种子研究学院主要研究以下课题。

(1) 利用遗传基因控制小麦开花成熟时间

(2) 发展黑麦杂交技术

(3) 研究生物技术控制农作物病虫害

(4) 利用基因技术恢复杂交过的黑麦

(5) 利用生物技术在辣椒中混合维生素和胡萝卜素

(6) 在玉米育种时增强对农作物病毒的免疫力

(7) 黑麦育种改良

2.19　德国 Proplanta 公司建立在线杂草信息库

关键词：杂草　在线　信息库　免费

德国 Proplanta 公司主要为农业客户提供信息服务。2008 年6 月,该公司在其网站上开设了在线杂草信息库,内容包括超过70 种杂草的详细信息,供专业人士免费注册后查询。

在信息库内,除了杂草的确切分类、主要特点、生长周期和传播方式、原产地名称、特性或相关物种的全面介绍外,还为每种杂草提供了不同生长阶段的照片和详细的说明。

Proplanta 公司将会不断对信息库进行更新和改造,以便满足客户的不同需求。

2.20 德国开发更高效的施肥方法

关键词：氮肥 硝酸盐 地下水

德国布伦瑞克的朱利-库恩研究所最近开发了一种新式施肥方法。新方法在同等效果下可减少 25％氮肥的使用量，并可大幅度减少地下水中硝酸盐的含量。

这种被称做 CULTAN 的施肥方法是，通过一个离心控制器，在土壤中深度为 8 厘米处，将有机肥料均匀搅拌后释放，使肥料可直接到达农作物的根部，每年依此施肥 3～4 次。由于减少了肥料中氮的含量，使得有机肥中硝酸盐不会在土壤中分解，也减少了对地下水的污染。

2.21 德国精确农业

关键词：传感器 卫星 航拍数据

2008 年 2 月，由德国联邦教育与研究部资助的跨学科"pre agro"研究项目结束德国"精确农业"项目的研究，取得了良好的成绩。通过"pre agro"项目，研究人员将 IT 技术与农业生产有机地结合起来，保证了未来环保型农业的发展，同时也更好地保护了消费者的利益。该项目在下列技术方面取得了突破性进展。

（1）通过精确农业技术的应用，在减少农药和杀虫剂使用的同时，增加了产量。

（2）通过传感器收集农作物霉变信息，并与数据库内数据对比，优化了杀菌剂在冬小麦种植中的应用。

（3）通过卫星和航拍数据，可以建立一个用于准确推算产量的模型。其中最主要的研究成果是为今后技术与设备的发展建立了统一标准。利用该标准，所有设备之间可以无缝链接，简化了数据转化环节，极大地提高了工作生产效率。

2.22 德国的水资源消耗量和节水农业的尝试

关键词：水消耗 间接消耗 节约水源

20 世纪 90 年代，英国人亚伦（John Anthony Allen）让公众意识到人类对水的消费远不只洗澡、饮用等直接可见的消耗，工农业生产中消耗的大量水资源，最终还是服务于人类的日常生活。比如要生产一杯牛奶，在各个环节就要消耗总计 200 升水。世界自然基金会（World Wide Fund For Nature）最近对德国人的水消费进行了一项调查。

　　该调查计算的水消耗除了家庭中直接使用的水以外,还包括间接使用的水资源(本国生产及进口产品所消耗的水)。调查显示,德国每年间接消耗的水资源为 1.595 亿吨。相当于 3 个勃登湖的容量。每人每天平均用水量为 5.288 吨,相当于 25 个浴缸的容量。与之相比,每人每天 124 升的直接用水量实在不值一提。

　　据世界自然基金会统计,德国每年进口的商品在生产过程中要消耗 8000 万吨的水,约占德国全年间接用水量的一半。其中消耗水资源最多的商品包括棉花、大米和甘蔗。咖啡、肉类和水果在生产过程中也需要大量的水。也就是说,德国在进口咖啡和谷物时,间接消耗了巴西、法国和象牙海岸的水资源。

　　在西班牙和土耳其,水果种植带来的水资源问题尤其明显,许多水果的灌溉要靠"非法"采水。而这种行为远不是有损个人私德那么简单,非法采水已经严重破坏了当地的自然环境。

　　德国作为进口大国,间接上造成了其他国家的水荒。世界自然基金会呼吁德国的企业和政府重视这一问题。作为积极的例子,阿迪达斯和宜家公司倡导的"Better Cotton"(更环保的棉花)运动,就对节约水资源大有好处。该运动将更高效、环保的种植技术传授给棉农。该运动在印度的试点可以将棉花种植中的水消耗减少 30%到 40%。

2.23　德国节能型农作物烘干工艺

　　关键词:烘干　低温热泵　循环

　　2008 年,德国莱布尼茨研究所波茨坦-博尼姆农业工程分部研发成功一种可以节约 30%能源消耗的农作物烘干工艺。

　　该工艺是在农作物烘干过程中,利用低温热泵与传统热风(以燃油和燃气作为燃料)技术相结合。当烘干温度保持在 40 摄氏度时,热泵可以达到最佳工作状态,烘干时被加热的空气经由热泵冷却装置,经冷却除湿后再次循环使用。但由于空气相对湿度的降低,将会在固定时段内利用传统热风工艺对空气进行预加热。

　　这项混合烘干工艺的优势在于,可以对大量作物进行烘干而不影响其质量。在图林根州一个茶叶与药用植物制造商处的烘干设施中试用该工艺,可以一次性对收获于 500 公顷土地的甘菊花叶进行烘干处理。德国莱布尼茨研究所波茨坦-博尼姆农业工程分部的科学家正在进一步优化该工艺。

2.24 籽种杀菌新工艺

关键词：杀菌 电子射线 照射强度

德国弗劳恩霍夫研究院位于德累斯顿的电子射线与等离子研究所研究成功一种用于籽种杀菌的全新工艺，无须使用化学药品。研究人员将籽种暴露于电子射线中，真菌和病毒受照射后其分子结构发生断裂，从而达到有效地杀死真菌和病毒的效果。

研究人员现在已经可以做到每小时对 30 吨籽种，也就是说每秒可以对 20 万粒种子的整个表面进行电子照射处理。这项工艺的最大挑战在于，研究人员必须对射线照射强度进行精确控制，避免造成近处理后的籽种无法生长的现象发生。该研究所正在与 Schmidt-Seeger 公司合作，将共同建立一家子公司，每年可处理 5000 吨籽种。经该工艺处理后的籽种不仅适用于常规农业，同样也适用于绿色农产品的要求。

2.25 德国利用无人驾驶飞机辅助精准农业

关键词：无人飞机 传感器 GPS 按需求

位于德国慕尼黑的联邦国防大学航空航天专业的研究人员，研制成功可对土地进行精密测量的无人驾驶飞机。研究人员希望通过这项技术减少肥料和农药的使用量，同时减少成本。

现在完成的无人驾驶飞机样品安装有 GPS 装置的飞行控制系统、智能任务管理系统以及高精度远程遥感传感器。传感器负责收集土地情况和植物分布状况数据；智能化飞行控制和任务管理系统负责引导飞机完成对任务区域内土地的全面测量。所有收集分析后的数据，将储存在被称作"行动卡片"的存储装置内。地面进行作业的农用机械可以读取卡片内的数据，对作业区域内的土地按需求投放化肥和农药的使用量。

2.26 应用于精准农业的"CATENA 工序链"

关键词：遥感 信息 自动

现代农业强调土地使用时要符合环境无害化和可持续发展的要求，与此同时又需要农民遵守越来越多的，由国家以保护环境和消费者原则制定的法则和标准。在此背景下发展精准农业，将有助于解决现代农业发展中的经济与环境的协调问题。由隶属于德国霍尔姆次研发联合体的德国航空航天研究中心研发成功的

"CATENA 工序链"主要用于为控制农业生产过程提供信息服务。

在德国精准农业生产中,利用卫星遥感技术为农业生产提供必要的信息已经被广泛使用。现在利用"CATENA 工序链"可以将所获得的遥感数据自动转换为按客户需求定制的信息产品。信息包括以土地情况为主的信息(如水土流失危害情况地图),以农产品为主的信息(如产品盈利预测),技术信息(如技术生产图表),农业气象信息(如地表和空气温度)。

"CATENA 工序链"具有以下优势。

(1)可以对收集的卫星遥感数据进行全面分析,获得供农业生产和环境保护所需的信息。

(2)可以确保信息的标准化和灵活性。

(3)节约了人工处理数据所需的时间和资金。

2.27　德国 Proplanta 公司提供专业农业气象预报服务

关键词:气象预报　数量报告　免费

据悉,德国 Proplanta 公司目前进一步加强了专业农业气象预报服务,可以为用户提供德国范围内 17000 处地点、6 天内的天气预报服务。该服务除可提供普通气象信息外,还可为用户提供土壤温度和以 3 小时为周期的水分蒸发数量报告。另外用户还可以在网站上获得一些其他气象服务,如为有过敏体质人群提供生物气象信息和花粉飞行方向预报,为用户提供当地游泳场所水温预报等。此外,在经过免费注册后,用户还可以按个人需求获得定制的气象信息服务。

2.28　德国公司推出农业智能手机应用程序

关键词:便携　农业知识　电子指南

2012 年,德国 KWS SAAT 籽种有限公司向公众免费发布了"KWS mobile Agrarwissen für die Hosentasche(便携农业知识)"智能手机应用软件。目前该软件主要提供 4 个功能:计算青贮玉米数量、沼气产出量、分析土地面积和计算所需籽种数量。

目前,KWS SAAT 籽种有限公司正在与德国霍恩海姆大学合作,由 19 名学生,分为 5 个项目组,在专家领导下,进一步扩展该软件的用途,使其成为农作物生长的整个周期,从播种到收获,都可以对农民具有指导意义的"电子指南"。所有参与该项目的学生均来自于农业科学专业,对如何简化农业生产日常工作有着充分的了解。正在研发的扩展应用包括以下内容。

（1）"KWS Praxis"，利用该项功能，农民可以在今后利用智能手机及时获得季节性农业病虫害，以及如何进行防治和应采取措施的相关信息。

（2）"KWS Life"，该功能将向公众发布所有与德国 KWS SAAT 籽种有限公司相关的，如通讯稿、新闻和招聘等信息。但只有用户进行注册，并明确同意接收时，才会获得上述信息，避免了垃圾信息的产生。

（3）"KWS Barcode"，农业从业人员可以利用该项功能内置的条形码扫描界面，直接对所购买籽种的条形码进行扫描，接收由籽种公司发送的籽种相关信息。

2.29　日本研制出新型有机肥料

关键词：油糟　排泄物　有机肥料

2008 年 6 月 7 日，日本三重县农业研究所和同县松阪市的制油公司共同推出一种新型的、有利于生态保护的有机性肥料，该项发明目前已经获得专利。

一般来讲，食用油的制造过程中会产生副产品油糟，它含有丰富的脂肪性物质。这种新型有机肥料就是把油糟和乳牛的排泄物经过混合、加工，进而制造出有利于环境保护的生态型有机肥料。这种肥料不仅可有效利用牛的排泄物，而且还可以减少使用农药，对防止作物病虫害的效果也非常好。

该肥料目前已经在日本三重县内使用，并将在全日本销售。

2.30　日本的液状饲料

关键词：液体　饲料　养猪

2008 年 6 月 30 日，日本 WEDA Japan 公司宣布，一种新型的液体饲料即将开始投入生产。新型饲料主要用于猪和鸡的饲养，其原料主要来自于废弃面包、蔬菜、牛奶和盒饭等食品。目前，这种液体饲料已经在养猪行业得以应用，并取得良好的效果。据悉，类似这种有利于环保，并可使资源循环利用的绿色产业将成为日本国家和地方政府重点推进和扶持的行业。

2.31　日本生态肥料

关键词：下水道　磷肥　生态

据了解，日本的农业肥料多依赖进口。但是近年来，由于世界范围内农业肥料价格不断上涨,如何利用本土资源解决农业肥料价格高涨的问题,一直是日本农民关注的问题。

2008年7月8日,日本全国农业合作联合会(JA全农)宣布,一项从下水道污泥中提取磷肥的技术已经开发出来。同时,以水道污泥、食物垃圾和家畜粪便为原料的生态农业肥料也已被利用在农业生产上,且效果良好。

2.32　日本新型收割机

关键词:收割机　导入　自动记录

2008年6月,日本静冈制机公司和洋马农机公司共同推出一种新型收割机。新型收割机的设计目的在于提高谷物的质量,并配合精密农业的发展需求。研究人员预先在收割机中导入谷物的水分测定、收获量测定和信息记录部分。在收割期间,系统会自动把谷物(水稻、小麦和大麦)收获量和谷物体内的含水量自动记录下来,从而为在下一个种植季节时提供具体的数据信息。

2.33　日本新型土壤成分测定仪

关键词:翻土农机　微型　测定仪

把握农田土壤的状态,对建立集约型农业生产的经营模式有着重要影响。传统的土壤分析方法主要是依靠土壤采样法和在土壤中埋设感应器,虽然这两种方法也可以调查土壤的含水量及硬度等方面的参数,但比较浪费人力物力。

为解决这一问题,日本东京农工大学最近开发出一套配置在翻土农机的刀片内部、可连续测定分析土壤成分的微型测定仪。这些测定仪可测定土壤的水分含量、pH值和土壤硬度等数据。其最大优点是在农用机翻土的同时,自动测定土壤深度15～30cm处的水分含量和硬度等参数,为大规模集约型农业生产提供具体的有关土壤状态的数据。目前,这种机器已经用于农业生产实践中。

2.34　日本土壤简易消毒法

关键词:酒精　淹没　覆盖

日本土壤简易消毒法:在浇灌水中混入浓度大约2%左右的酒精,然后把含有酒精的水灌入农田,使土壤处于被水淹没的状态;在农田上部覆盖农业用聚乙烯薄膜,覆盖大约一周时间即可(图2-4)。虽然这种方法不能直接杀死土壤中的细菌和害虫,但到目前为止,它可以有效防治和驱除土壤中的细菌、真菌、线虫,及各式各样的土壤害虫。这种方法还可以改善土壤中的氧气环境,对作物根部的生长比较有利(图 2-5)。

图 2-4 覆盖聚乙烯薄膜

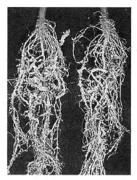

图 2-5 不同生长效果的植物根部

2.35 日本利用 DNA 标示对果物种类的识别技术

关键词:DNA 水果品种 电脑软件

果树和水果的品种、原材料和原产地的正确标记是确保食品安全和安心的一个重要措施,也是防止和减少假冒伪劣商品的重要手段。但是由于单纯地依靠水果的外观和形态,难以对水果的品种进行有效的判断,因此,需要开发出一种高科技的方法来解决这个问题。

1. 原理

日本 DNA 标示对果物种类的识别技术是在大学和研究机关的共同协力下完成,主要原理如下。

(1)研究和整理各种水果 DNA 标示。

(2)汇总各种水果的遗传基因图谱。

(3)开发出鉴定水果 DNA 标示的计算机软件。

在这三者结合的基础上,通过对各种水果染色体的鉴定可以对水果和果树的种类、产地等信息进行判断。

2．技术特征

（1）根据对果品 DNA 标记的测定，可以对板栗、梨、苹果、桃、梅、杏、枇杷、柑橘等多种水果、果树的品种、原材料和原产地进行测定。

（2）可以直接利用水果的取物进行 DNA 鉴定。

（3）对一部分的罐头制品也可以进行 DNA 鉴定。

（4）对于有亲缘关系的果树和水果也可以进行 DNA 鉴定。

（5）该项技术的成果比较容易公开，具有很强的普及性和实用性。

2.36　以色列采用基因技术培育节水植物

关键词：气雾培育　雾化　向水性

以色列科学家近日指出，相当一部分粮食危机是由于低效的灌溉方式所致。灌溉过程中蒸发的水量多于到达作物根部的水量，导致了水资源和能源的巨大浪费。

项目研究负责人，以色列特拉维夫大学植物科学系的 Amram Eshel 教授表示，水是作物的生命之源，提高灌溉过程中作物的摄水量十分重要。他和 Hillel Fromm 教授以及整个研究团队希望能够利用新发现的、可控植物根部向水性的基因对作物进行监控，确保灌溉水源到达根部。

研究人员在实验室内对气雾培育（图 2-6）的植物进行研究，以得知基因改良的植物根部如何感知灌溉水源的具体方位。气雾培育是把植株悬挂于雾化空间，让其根系获取水分氧气及营养方式发生变化的一种方式，是用加压雾化或超声波雾化的方法，为根域创造最佳的环境条件。气雾培育是当前农业生产中最先进的栽培模式，能实现植物短期内的快速生长与发育，对农业生产意义重大。迄今为止，这种培植方法只在小范围内得以应用。

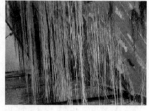

图 2-6　气雾培育

Eshel 教授表示其目标是节省水源，努力提高植物的摄水量。未来时代，高感水性的植物可创造更高的经济价值。此项研究结果可为培育出感水性极强的超级植物奠定基础。

2.37　以色列节水技术

关键词：紫外线　生物技术　塑料环

Aqwise 公司将小塑料环做成"生物载体"，表面携带大量天然生细菌，这些细菌可以"吃掉"污水中的有机物质。以色列的滴灌节水技术已在全球广泛应用。它的水技术如今再获突破，实现利用紫外线净化水和利用细菌处理有机污水。

Aatlantium 公司是以色列一家私营技术公司，位于耶路撒冷城外。公司新研发的紫外线净水技术主要利用紫外线辐射"抑制"水中细菌再生和传染，达到净化水质效果。这项技术把一个巨型石英管与水管系统相连，每小时可净化水 200 立方米。公司营销部经理达纳·科根说，氯气净水可能产生化学副产品，紫外线净水能避免这一缺点；与通过加热净水相比，紫外线净水更为便宜。

Aqwise 公司则在利用生物技术处理污水方面有所突破。公司将小塑料环做成"生物载体"，表面携带大量天然生细菌。一套喷水系统带动"生物载体"在污水中流动，细菌负责"吃掉"污水中的有机物质。数百万个塑料环一同在污水中运作，可处理大量有害污物。此外，以研发滴灌技术享誉全球的 Netafim 公司也有新产品。公司新创的一套无线灌溉监控系统，可借助地下传感器和无线电指导，将适量水灌溉到农田的每一部分。这些新技术前景广阔，以色列正积极将这些水技术销往全球，目标是争取 2010 年出口额翻一番，达到 20 亿美元。科根说，紫外线净水技术可用于家中的泳池或海水鱼类孵化场。根据净化程度和效率不同，产品价格为 2 万至 12 万美元不等。

美国环境工程公司 HydroQual 公司测试过这一技术。公司经理沙伊布尔表示，Aqwise 设计了一个独特的反应器，处理系统被证明非常有效。这项技术已应用于意大利一家食品厂和土耳其一家鱼类孵化场。此外，全球约 30 家企业已订购 Aqwise 公司的细菌污水处理系统。路透社报道，如果联合国制定的 2015 年改善全球卫生设施的目标能够实现，全球每年将花费大约 100 亿美元用于水处理。缺水逼出新技术，以色列约 2/3 的土地为沙漠，水资源严重不足，因此以色列一直重视研发水技术。

2.38　简化精确农业

关键词：简化　软件　管理方法

2007 年 10 月 1 日,悉尼大学的研究人员在澳洲精确农业中心(ACPA)简化了"精确农业"教程,通过新教程和软件的开发,帮助农民了解相对复杂的产量和土壤数据,使其更容易地使用相关数据来种植、管理他们的作物。

新教程将农民的经验与不同领域的研究数据相结合,从而改善了农民的种植及农作物管理方法。其内容还包括,如何分析和应用相关数据;如何更好地利用软件;向农民推荐特定网站,使他们了解如何科学维护土地养分和病虫害综合治理,等等。

2.39　促进棉花增产的新技术

关键词：太阳能　棉花籽　辐射

近日,乌兹别克斯坦农科院棉花研究所的研究人员发明了一种专门用于照射棉籽的太阳能辐射机。辐射机可从太阳光中分滤出红色波段的光束,这种红色光比自然光强 31 倍。在播种前用这种红色光照射棉籽 3～5 分钟,能使棉花籽提前 10 天左右成熟,棉花增产 5％～15％。一台太阳能辐射机每小时可处理 1500 公斤棉籽。

2.40　瑞士应用紫外线灯减少农药用量

关键词：紫外线　臭氧水　基因变异

2006 年开始,瑞士食品技术管理公司(Swiss Food Tech Management AG)在带有 PhytO3 装置的农用车上安装了由 Heraeus Noblelight 公司提供的紫外线照射灯(图 2-7),用于替代农药和杀虫剂。至 2008 年,这种替代已取得了良好效果。

PhytO3 装置是在产生和喷洒臭氧水的设备上加装紫外线灯具组成的。该装置喷洒的臭氧水用于清洗农作物表面的小昆虫,但并不会将其杀死;而其他微生物如细菌、病毒或真菌则会通过被波长为 254 纳米的紫外线照射后,产生基因变异;同时,受到紫外线照射的臭氧水产生的强氧化反应则会破坏微生物的细胞壁,从而达到杀死微生物的目的。

图 2-7 紫外线照射灯

据悉,这种紫外线照射方式将极大减少农作物所受病虫害的影响,同时也不再需要使用化学杀虫药,符合绿色环保的要求。

2.41 Big Dutchman 公司开发新式饲喂阀门

关键词:自动感应 阀门 数字化

Big Dutchman 公司最近开发了一套新式液体饲喂系统。这套被称为"Leakseek"的泄漏式液体阀门系统配备了自动感应装置,可使用精密空气压力感应技术,自动进行供给。由于系统内每个液体阀门都与控制系统建立了数字化连接,在饲养场中可以准确找出故障阀门的位置,提高工作效率。

这套系统可以将喂养饲料与营养液混合后,以最少量的输出获得最大的收益,达到更高效、更节省的效果。整套设备主要应用于饲养家禽和猪,目前在全球市场的销售额已达大约 4.5 亿欧元。

2.42 西班牙科学家研制出为精准农业服务的 3D 地图

关键词:3D 地图 精准 农业系统

近日,两位来自西班牙的科研人员开发了一套 3D 地图,这套地图可以帮助从事农业的人员有效地应用除草剂。

通过模拟人类视觉制造的农地 3D 地图,西班牙的科学家们相应设计出另外一套可在指定地点进行除草的精准农业系统。

以上两套创新农业系统分别由瓦伦西亚理工大学 (Universidad Politecnica de Valencia)和马德里大学(Universidad Complutense of Madrid,UCM)的研究人员研制。两套创新系统可从农艺、经济及环境的角度优化农业管理。

2.43　低科技环境下的精细农业

关键词：作物种植　土壤状况　产量

最近，一名加拿大安大略省的土壤专家在其发表的文章中声称，那些最新的全球定位样本及卫星图片并不是我们所必需的和最好的有关精准农业的工具，那些通过在收割现场的观察所得来的数据要更加精准。

比如，我们可以通过谷类作物的种植来揭示土壤的状况，对谷类作物的观察能向我们将要发生的问题发出警报，并会向我们提供相关指数。在安大略省，酸性土壤是很常见的，但是常规的土壤检测并不能把它们都监测出来，像燕麦及大麦都是对酸性土壤很敏感的作物，所以在收割后锁定那些地产量低的区域，来看看问题是否来自土壤的酸度。

锰的缺乏在谷类作物中也是相对来说比较常见的，它将预示着酸碱度过高和土壤过于沙化，缺乏有机物质。在这种情况下，农作物会停止生长，严重时所有庄稼都会死去。当然这种问题毫无疑问不会出现在玉米地里，但对豆角、豆芽及其他谷类作物影响很大，所以一定要对缺锰的症状特别留意。

同样，谷类作物缺氮会导致萎缩、变黄、产量下降及作物早熟等结果，更为严重的就是庄稼倒伏。如果你的农作物在正常施过氮肥后还是翻倒，那说明它们接受了过多的氮肥。大麦和小麦很难忍受过于潮湿的土壤或排水不利的田地，相反，土壤过于夯实也会影响产量。我们可以利用铁锹或探条来核实是否夯实是影响产量的原因。

总之，在收割时睁大您的眼睛用心观察，这也许会是一个低科技含量但却可以提高您下一个收获季的精细农业工具。

2.44　可以分析食品成分与味道的软件

关键词：食品成分　味道　传感器

葡萄牙阿威罗大学环境海洋研究中心研究人员近日开发了一款分析食品成分的设备和软件。该装置由好几种传感器构成，传感器由玻璃、水晶玻璃、多晶体或者有机聚合物等不同材质的膜状物构成。测试时这些传感器充当味蕾，在5～10分钟内，该程序可以分辨出有机成分和无机成分，还可以测算出它们的浓度。实际上，当红外线探测器浸入几乎融化的食物中时，探测器就会往数字电压表传输一个电子信号。紧接着,一条信息会传输到计算机上,计算机会解码、测算、处理和记录从传感器上得到的数据。在测量有金属残留的物质时,这些信息具有非常重要的作用,因为需要确定食品中金属残留物是否超过人体可以接受的正常范围。

　　该软件首先考虑用于水或酒等液体物质的测量。例如确认发酵状况是否正常,测试微生物污染程度及牛奶中的金属成分。该技术可以应用于牛奶、果汁、水、咖啡、啤酒或者茶的检测。该软件的独特性还在于可以检测食品的味道,因此可以测试酒、啤酒和咖啡。该设备也可用于固体食品的分析,分析时需要加水使其变成糊状,奶酪、蔬菜和水果也可以采用此种方法检测。

第3章 都市农业

都市农业是以生态绿色农业、观光休闲农业、高科技现代农业为标志，以农业高科技武装的园艺化、设施化、工厂化生产为主要手段，以都市市场需求为导向，融生产性、生活性和生态性于一体，高质高效和可持续发展相结合的现代农业。都市农业可以调节人与自然的平衡，可以改善居住环境，营造绿色景观，提供新鲜无污染的农产品，提供就业机会。在发达国家和地区，都市农业被认为是可持续发展的一部分，都被给予了相应政策支持和规范化的管理，来激励和保护都市农业的发展。

3.1 新泽西州秋季农业观光新思路

关键词：观光农业　体验项目　青纱帐迷宫

新泽西州每年的观光农业收入为 5750 万美元。观光农业为游客提供各种形式的体验项目，如摘瓜果，品尝美酒，骑马，农场迷宫，自己砍圣诞树等。根据该州农业部部长尼娜·威尔斯的说法，观光农业的产值只占整个旅游业产值的一小部分，但在旅游业中的地位日益重要。不管是南瓜采摘和雕刻，还是宠物动物园，新泽西州的农场主们总能用新鲜的想法吸引游客。这些农场活动能让游客有家的亲近感，费用也合理，一家人在此游玩一日或一个周末也在可支付范围内。一些农场别出心裁，设计的活动使游客流连忘返，如诺兹农场的青纱帐迷宫。

诺兹家族自 1920 年开始在 Hillsnorough 经营农场，现在农场已经壮大成 1500 英亩的奶厂和饲养场，他们还种植各种作物。诺兹农场今年设计了第 5 年度的青纱帐迷宫。整个玉米田被分隔成字母"CORNFUSION"字样，这样的活动对游客很有挑战性，他们常常到最后不得不在场主的带领和帮助下走出迷境。

Hillsborough 是一个人口密度较大的城镇，某一个农场的举措往往具有示范作用，诺兹农场的活动设计给了周围邻居更多的启发，也得到了公众的首肯和赞许。

鲁特格斯大学去年所作的一份调查显示,新泽西州 1/5 的农场都提供某种形式的农业观光,43％的农场将农场经营和观光结合起来。调查还指出,很多农场的大部分甚至全部收入都来自于各种形式的观光活动。

3.2　inFARMING：城市中的屋顶农业

关键词：屋顶　温室　蔬菜种植

随着世界范围内人口密集型城市日益增多,世界上已经有超过半数的人口生活在城市当中,世界各地,特别是位于亚洲的超大型城市,都面临着土地资源匮乏的问题。此外,传统农业非常消耗资源,不仅占用了大量土地,还消耗了全球 70％的饮用水资源。为此,来自食品、能源和水资源方面的专家学者进行了许多将城市建筑物与农业生产相结合的实验,如印度班加罗尔绿色港口、上海绿色港口、哈得孙河科学驳船和芬罗绿色公园等。

2011 年 1 月,德国弗劳恩霍夫研究所 UMSICHT（安全与节能技术）项目组提出了 inFARMING 方案,计划将城市中的建筑立面和屋顶作为农业用地（图 3-1 和图 3-2）。目前,该项目组正在与位于德国杜伊斯堡的弗劳恩霍夫 inHaus 中心合作,建立实验基地。其中,UMSICHT 项目组主要负责制定一体化能源解决方案,包括

图 3-1　城市中的屋顶农业 1

图 3-2　城市中的屋顶农业 2

余热应用、太阳能利用、应用于屋顶的小型风力发电装置以及利用植物清洁污水的封闭水循环系统。

根据 inFARMING 方案,将在城市中非居民楼的屋顶建立温室,用于蔬菜种植。整个建筑物建筑立面覆盖有苔藓,可以吸附城市中的可吸入微粒物。其灌溉用水将通过封闭的水循环系统获得,该系统可以实现灌溉用水的循环利用。植物废弃物和建筑物产生的热能将为温室提供所需能源。

目前,德国非居民楼的屋顶面积共有 12 亿平方米,其中,超过 3.6 亿平方米可用于开发屋顶农业,仅此一项每年就可减少 2800 万吨二氧化碳排放量。

inFARMING 方案为农业发展提供了全新的思路,具有减少温室气体排放、减少土地消耗、降低运输成本、提供城市绿地和新鲜农产品等优点。项目负责人认为超市经营者会对此方案更感兴趣。

3.3　巴黎都市农场教学基地"凡仙森林"

关键词：都市农场　农场知识　教学基地

"凡仙森林"位于巴黎东部 12 区,是巴黎市区规模最大最具特色的结合生态、景观、休闲、教育为一体的都市农场成功案例。该森林公园包括动物园、花圃、乔治城市农场、佛寺、热带园林(热带与农艺学研究机构)、热带森林技术中心、园艺学校及其科研园林、弹药公园及春天宝座博览会等多项设施和基地。

13 世纪初,国王菲利普·奥格斯特将凡森地区用 12 米高墙围堵起来,将黄鹿、牦鹿、雄鹿放养其中,形成皇家猎场;路易十五时期,封闭的墙被开凿了 6 扇门,森林被改造成公共散步场所;19 世纪,这是一片军事训练基地,用于安营扎寨、停放车辆机械、练习射击;1860 年,拿破仑三世将凡仙归于巴黎市管,以便将其建成和波洛尼森林对称的景区。建筑师在此植树造林、围田建湖、创建跑场,并逐渐扩建其他体育设施。

其中的乔治城市农场现更名为巴黎农场,拥有开垦农田 5 公顷。建立农场的初衷是为了缓解巴黎都市人群普遍所患的亚健康疾病,为其提供田园式休闲场所,如今,这里演变成向巴黎下一代普及农场知识的教学基地。

该农场由一对农民夫妇管理,体现着法兰西岛独有的文化特色。农场的一半是牧场,饲养小牛犊、奶牛、猪、母羊、山羊及全部家禽。另一半种植具有法兰西岛特色的植物：麦子、大麦、燕麦、甜菜、玉米、亚麻、向日葵等。果园和菜园有各类果树和蔬菜及芳香植

物,由来此体验生活的孩子们共同维护。每年根据季节变化,农场有不同的体验项目,并组织各种各样的庆祝活动,如新生儿诞生日、粮食丰收日、剪羊毛日等。

因为距离乡间较远,自小就在都市生活的年轻人很难在脑海里建立起食品和农产品之间的联系。与其今后将食品安全作为争论的焦点,不如现在把目光放到控制农产品制造的标准和基础上来,这就是凡仙森林的农业开发治理理念的突破点。年轻的巴黎市民能够在此更好地了解农村生活,知道他们每天消费的产品从何而来,以及控制食品安全的关键所在。

经受自然巴黎生态教育的学生们都将参观农场(图 3-3)并参与短期工作:给动物喂食、照顾兔子和家禽、采摘果蔬。他们可以学到关于奶牛和小牛的有关知识,以及谷物的种植或者母鸡的饲养技能。

在教学实验基地,他们会参加"亲自动手"项目,将农场的产品转化成食品,如,用水果做果

图 3-3　凡仙森林农场

酱、用牛奶做黄油、用麦子做面包;还能学到如何纺染羊毛、如何制糖等,几乎详细到他们日常用品和食物产生的各个步骤。

每个周末、暑假和复活节期间,农场免费对外开放,其他游客也可以来此饲养动物和做一些季节性工作。这是一种亲自重新回归农田和自然的方式,将农业世界和现实的信息和消费者联系起来。

3.4　法国景观学校试验室城市农业研究小组

关键词:公共教育　体系　计划

法国景观学校试验室城市农业研究小组与巴黎凡尔赛建筑学院及巴黎农业技术学院一起,共同构建了法国城市农业研究的公共教育体系。该小组主要研究农村与城市交汇地区的农业,而这里农业的概念有着非常广泛的含义,它包含了所有以经济、环境、社会及文化为目的的,通过农作物的种植来实现土地增值的实践活动;同样,这里农业也被赋予城市的称号,是因为它维系了农业与城市世界的功能关系,无论它们的接近程度有多少。下面是该实验室已完成的和正在进行中的几个研究与试验计划。

1. 多功能城市周边农业

该研究项目主要是为了回答法国农业研究院所提出的"农业

的多种功能与农村地区"课题,主要研究城市郊区环境下的农业功能。

2. 果树的多功能

这个于 2004 年开始的项目主要关注法国城郊历史遗留果园起初所赋予的经济目的正在衰退,取而代之的是文化遗产关注的内容。首先要认定这里所说文化遗产的各种表现形式,像遗传学保护、养护诀窍、领土标记系统等;然后还需要研究那些能让这种遗产化在国家计划中重新找到它经济功能的地位,比方说食品安全。

3. 巴厘岛地区的城市农业

由于巴厘岛地区在国家区域中的重要战略地位,它成为优先推行城市农业计划最多的地区。据相关机构表示,是由于像 ENSP 这样机构的研究小组占有得天独厚的地理条件,所以才积极地将研究项目锁定在该地区。

4. 突尼斯萨赫勒沿海地区的城市及农村地区的发展

该项目是由法国外交部资助,以培养突尼斯在城市景观方面的年轻研究学者为目的的一项计划。该项目于 2006 年结束,但现在又因法突两国的新合作关系而延长。

5. 建立国际网络

该研究小组参加了 2005 年由米兰大学组织的论坛,正是这个会议聚集了欧洲在城市农业方面的从事者、研究者及教育者,才有了现在的 ENUPA(欧洲城市及城郊农业网络)。该小组目前还在努力与世界其他国家和地区建立同样的研究网络。

主要研究问题如下。

(1)城市与其周边郊区之间的协调。

(2)多功能农业的概念:食物的供给、城市景观及农村环境的舒适度、文化遗产价值、新的社会与环境价值。

(3)城市周边地区的职业性农业战略:生态系统的维护、农业的转移(就近或远离)、农业耕地有计划的减少、针对新市场的重新组织与规划、农业的保留或逐步放弃。

(4)国家领土合同的经营与管理:首先由欧盟委员会倡议(农业环境措施),之后转为国家(提出国家领土开发合同,然后是长期农业合同),接着转由地方机构来贯彻与执行(法国岛牧场合同),最后达到一个食品及地区在农业生产方面的双重发展。

(5)构建一个领土概念:一个城市农业计划,在这样一个公共领土项目中,地方农业成为持续发展及城市管理的双重参与者。

3.5　以色列"绿色农业村庄游览"方案

关键词：绿色农庄　预算　工作计划

为创建适宜乡村旅游、提高农村农业观光基础设施的水平，日前以色列农业部和旅行部共同推出了"绿色农业村庄游览"方案。

方案预计在 2010 年实现发展游览村庄计划。该计划预算共计大约 1000 万以色列新谢克尔（其中，旅游部和农业部分别承担 40％，其余 20％ 由当地委员会承担）；2008 年工作计划包括道路和休憩地修复等，计划对每个镇的投资总数将达 200 万新谢克尔。

3.6　日本都市农业的振兴

关键词：耕地　土地税制　生产结构　政府保护

1. 背景

日本在经过经济高速增长之后，城市迅速扩张，城市周边地区的农田面积不断减少。但是，由于日本的土地属于私有制，一些农户不愿出卖自己所拥有的土地，于是将继续耕种的土地在城市内保留了下来。最近人们发现，在城市中存在耕地，为生硬的城市景象增添了自然的绿色（图 3-4），改善了城市的生态环境，有不容忽视的存在价值，这也就是日本的都市农业产生的背景。

图 3-4　城市中的农业

2. 日本都市农业的特点

日本的都市农业目前主要在东京圈、大阪圈和中京圈内进行。其特点如下。

（1）日本的都市农业的分布比较散乱，呈点状和片状分布。日本政府为保护都市农业的存在采取了一些有效的土地税制制度，所以在市区还保留了面积不大的点状分布和面积较大的片状分布的耕地。

（2）都市农业生产结构是以蔬菜和水果生产为主。这样既可以为市民提供优质农产品,同时也可以促进绿化环境。

（3）园艺生产设施先进。在各种财团和振兴协会的扶持下,园艺设施基本上实现了小型化、集约化和现代化。

（4）另外,都市农业也是观光、休闲和体验农业的一个重要组成部分。

3. 政府保护措施

（1）日本的各级政府对都市农业给予保护政策。据 1996 年日本全国农业委员会都市农业对策协议会的统计,日本的都、道、府、县和市、村各级政府都制定有振兴都市农业的举措。

（2）都市农业采取多样化经营,有生态农业、观光农业和休闲农业等。

（3）政府注重提高农业劳动力的素质,对从事都市农业的人们提供支援经费,提供技术信息,资助他们学习经营方法等。

3.7　家庭园艺公司——城市农业创新

关键词:家庭园艺　内需　战略因素

家庭园艺通常被认为是一个自我供给的生产系统,然而,在城市及周边地区,土地作为稀缺资源,它很可能成为一个营利性的生产系统。也正是在这种前提下,2000 年在斯里兰卡举行的世界环境日大会中,才诞生了"家庭园艺公司"(Family Business Garden, FBG)这个概念。这个概念是一个建立在满足家庭食物内需的基础上,将生态农业与商业农业有机结合的复杂体系,它所寻求的是将土地知识及技术与现代可持续发展知识体系的相互融合,其目的是帮助中小规模的企业在长期模式下优化它们的生产力,而不是在短期内追求生产力的最大化。

FBG 由以下五个战略因素组成。

（1）家庭营养:它主要涉及的是种植空间的分配,以及这些家庭种植空间的利用最大化,比如像种植蔬菜或水果,也可以用于家禽饲养。

（2）先进技术的采用:这个方面主要是指城市家庭必须选择可行的,且能带来经济效益的种植。家庭园艺公司的从事者必须确认出符合 FBG 概念要求的新的种植产品,比如像蘑菇、装饰植物及能转化为附加值的食品等。因此,这里主要强调现代技术与传统种植技术相融合的重要性,尤其是那些低成本、高效率的技术。

（3）种植管理:在 FBG 概念中,土地、水、病虫害的防治及日照时间,这些农业种植基本因素的管理被放在一个很重要位置,像堆肥这样的家庭废料处理技术、轮作种植、绿色能源的使用等等,它们都无疑对以城市农业为准则的 FBG 从事者来说是非常重要的。

(4)收获后技术及附加值的产生:它是指对于这些来自于家庭自我种植的产品,为了和市场中的同类产品竞争,同样需要质量及商业标准。对于定位服务于城市整体发展的新型模式来说,收获后管理就成为一个不可回避的要求。

(5)园林绿化和家务:该部分主要涉及的是环境与心理方面。那些 FBG 的从事者可通过他们所做的事情来减少他们来自生活中的思想压力,同时也可以提高他们作为企业主的能力。在创造优美花园环境的同时,不但愉悦了自己,也是为自己的生意带来一个理想的商业环境。

五个元素中的每一个都代表了城市农业的一个特殊方面。然而,FBG 概念还没有一个直接可以使用的模式,只是在斯里兰卡东部很流行。但随着各个国家内部及国际之间日益紧密的联系,及一些像屋顶种植、组织种植等新概念的出现,FBG 概念必将在未来蓬勃发展。

第 4 章 食品安全

近年来,世界各国食品安全问题频发,食品安全受到世界各国的高度关注。相对于发展中国家来说,发达国家对于从"农田到餐桌"的每一个环节都有相应的安全监控机制,譬如采摘、收割、包装、运输等,当食品安全问题发生时,可以很快地追根溯源。同时,发达国家重视对食品的风险分析与检测,会对食品安全进行预防,并有非常严格的食品安全立法。从这个意义上讲,对于发展中国家而言,发达国家的食品安全管理机制是值得借鉴和学习的。

4.1 美国马萨诸塞州农场加入州"联邦质量印章计划"

关键词:良好农业规范 可持续 农场

面对国民对地方食物关注度不断提高的现实,美国马萨诸塞州农业资源部于 2011 年 6 月 15 日宣布了本州首批加入州"联邦质量印章计划"(CQP)的农场。此次活动的主要目的是帮助消费者选择在马萨诸塞州生长、收获和加工的高质量产品。

该州农业部官员、马萨诸塞州大学农业拓展中心教师和当地农场负责人齐聚在康科德的 Verrill 农场,讨论了农产品必须满足的食品安全标准。在美国农业部"良好农业规范计划"的基础上,CQP 采取了一系列可持续性标准,如昆虫综合治理方法,即在作物管理中减少农药使用的生态管理方法。

农场要获准在自己产品上加盖联邦质量印章,必须首先在土壤健康、水资源节约、昆虫治理和食品安全等各种行业规范领域内表现出色。目前,马萨诸塞州共有 20 个农场符合标准,加入了上述计划。

Verrill 农场负责人说:"这一计划促进了良好农业规范的普及,并促使参与农场不断注重提升可持续性、食品安全和土壤保护。"CQP 为参与者提供了清晰可行的执行标准,这是对该州传统标签体系的一大完善。通过这一计划,消费者能够轻松判定认证过的产品,了解产品是否来自马萨诸塞州当地农场,且该农场的种植、收割和处理方法是否都得到了认可。

4.2　俄罗斯加强食品工业纳米技术的安全评估

关键词：纳米　安全　纳米材料检测法

近年来，纳米技术在食品工业中的应用迅速增长。在俄罗斯，纳米技术或产品在食品工业中（食品、食品添加剂、包装材料）所占的份额不断增加。据预测，这种趋势将在 2010—2015 年间有突破性增长。因此，俄罗斯非常重视纳米技术在食品工业中的应用安全。俄罗斯自 2006 年以来就开始研究纳米技术的安全性，以评估它对人类健康和环境的影响。2007 年俄罗斯联邦开始着手进行食品工业中纳米技术的毒理学和风险评估方法的相关研究；紧接着又制定并实施了"俄罗斯联邦纳米技术基础设施发展计划（2008—2010）"，其中对食品工业中纳米材料和纳米技术的安全评估研究着重进行了规划。

纳米材料检测法是针对纳米技术产品对人类健康潜在危害的信息分析方法。基于该方法，俄罗斯已经建立了食品工业纳米技术风险评估的基本技术体系，即基于数学建模，在既定算法的基础上计算各种纳米材料和技术的综合风险，根据评估结果进行风险分类。

上述研究成果将成为整个俄罗斯联邦纳米科学体系的一部分。它还将带动俄罗斯纳米技术向着更加安全的方向发展。

4.3　英国出台新的家禽注册制度

关键词：家禽　注册　禽流感

2008 年 7 月，英国环境、食品与农村事务部及威尔士联合政府（Welsh Assembly Government）宣布，英格兰和威尔士境内更改后的英国家禽注册（GB Poultry Register）制度于 2008 年 8 月 1 日起正式生效。

此前，2005 年 12 月，英国政府鉴于禽流感暴发的威胁，特别规定了家禽注册登记制度。凡是饲养家禽数量超过 50 只的养殖户均需上报基本信息。目前，家禽注册信息已经用于禽流感风险评估和防控。

修订后的家禽注册制度涵盖了以下几项新内容。

（1）其他类型的家禽疾病管理。

（2）通过应急服务开展的灾后应对和恢复。

（3）对兽医和动物福利立法的有计划调查。

（4）向外界及时告知英国环境食品与农村事务部和威尔士联

合政府的政策制定情况。

（5）协助上述两个部门和机构的专项调查。

（6）及时通报家禽注册制度在动物健康商业改革计划中的进展情况。

4.4 法国公益集团签署"2011—2013年目标和业绩合同"

关键词：有机农业　生物农业署　基金

2011年9月，法国公益集团生物农业署（Agence BIO）签署了"2011—2013年目标和业绩合同"，明确了4个行动方向。

（1）行动方向一：建立从生产者到消费者的有机农业国家观察机构。

目标：了解该行业的经济特征，支持和引导生物农业行业的发展，协调供需关系。一方面加强对该行业的经济认识，了解其对环境、社会和区域产生的影响；另一方面为参与者（包括公众和专业人士）提供评估、思考以及决策支持工具。

农业部已经将通知管理权授予了生物农业署，这将促进网上通知的发布，满足了简化行政手续的要求。

（2）行动方向二：宣传生物农业的特征和益处。

目标：使人们了解生物农业的情况，确保消费者的信心。

宣传生物农业是生物农业署的主要职责。通过向公众和专业人士进行宣传和推广，可以提高大家对生物农业的认识，增强消费者以及生产者的信心，满足供需要求。生物农业署已经向欧盟提交了未来3年的融资计划以继续推广该行业。

（3）行动方向三：实施构建生物农业行业的举措，尤其是要通过对"未来生物农业"基金的管理来构建该行业。

目标：通过参与者对该行业的长期努力，专业人士的发展意愿和公共基金的杠杆作用，不断调整和优化行业结构。

此项措施是该合同的一个重点。2008年，农业部将"未来生物农业"基金5年的管理权授予了生物农业署，该基金每年可支配金额为300万欧元。自基金成立以来，已经取得了丰硕的成果。其中，有35个行业构建项目共获得了820万欧元的资助，使生物农业的面积和下游供应都得到了增加。

（4）行动目标四：促进集团成员和方针委员会（GCO）的合作。

自成立以来，生物农业署加强了集团成员之间的合作。同时，随着行业的发展，合作对象也扩展到了GCO成员、地方当局和水资源署等其他机构。

4.5 法国超市新贴"无转基因饲料"产品标签

关键词：转基因 饲料 标签

当今世界有 60 多种转基因形式的作物在市场上流通,最多的转基因品种要数玉米、大豆、棉花和油菜,这些转基因大豆和玉米已侵占 80％原本是种植无转基因作物的土地,同时转基因大米、土豆和红菜头等也陆续出现。然而在法国,几乎所有转基因食品都是禁止的,只有两种在欧洲市场上流通。转基因植物主要有两个特点:滥用一个或多个除草剂,用杀虫剂来抵御虫害,或者两者同时使用。

法国于 2012 年 1 月 30 日签订了关于饲料的法令,随后作为该法的延续,2012 年 7 月 1 日又规定,无转基因饲料的食品将会被贴上标签,使得消费者可以准确无误地获得信息,自由选择是否购买含转基因饲料的产品。

法国很早以前就已经规定超市食品必须贴上无转基因标签,但没有严格确定消费者深入了解无转基因食品行业的信息模式,因此关于如何分辨肉类动物是否由转基因饲料喂养的还犹未可知。

该新法令是建立在法国生物技术最高委员会 2009 年 11 月和 2011 年 1 月的观点基础之上的,即根据食品构成成分性质差异确定了不同标准,标准如下。

(1)成分来源于植物(例如面粉、淀粉或无机盐),且不改变原材料、最多含有 0.1％转基因成分的食品,可以注明"无转基因"标签。

(2)原材料来源于动物(例如牛奶、肉类、鱼或鸡蛋)的食品,应该贴上"无转基因(转基因成分小于 0.1％)"或者"转基因成分小于 0.9％的无转基因"食品标签。

(3)原材料来源于养蜂基地(如蜂蜜或花粉)的食品,应贴上"半径 3 公里范围内无转基因成分渗入"的标签。

4.6 德国正在研制智能集装箱

关键词：水果运输 保鲜 物流方式

新鲜度、质量和合理的价格是消费者对食品的重要需求。为了更好地满足这些需求,受德国联邦教育与研究部资助,德国航空航天中心负责并委托德国不来梅大学正在进行"智能集装箱——物流中联网的智能对象"研究项目。

"智能集装箱"是指一整套可以在货物运输途中自行测量、分析,同时当需要时可自行采取措施的新型运输系统。该系统主要应用于水果运输途中,不仅可以将温度、湿度的测量结果利用无线网络发送至物流中心,还可以通过微型气相色谱仪获取乙烯气体数据,与温度、湿度数据相结合建立模型,对水果的保鲜时间进行推测。整个物流方式将由 FIFO 模式(First In First Out,先入先出)改变为 FEFO 模式(First Expire First Out,先到期先出)。

不来梅大学已与 19 家物流、传感器、信息通信技术研发机构和物流企业合作建立了 MCB(不来梅微系统中心)和 Log Dynamics(不来梅动态物流研究集群)两个项目组,以便共同完成和推广智能集装箱的研究及应用。

4.7　新型水果包装材料

关键词:盐水泡　透气性　湿度

用塑料薄膜包装的水果容易在塑料薄膜内积存利于霉菌生长的冷凝水,从而导致水果腐烂。德国慕尼黑技术大学食品包装技术研究所的研究人员成功研制出可以长期保证水果新鲜程度的包装用塑料薄膜。

该塑料薄膜内含有极为细小、尺寸在微米范围内的盐粒。当水果中的水分蒸发时,盐粒吸收水分形成可以储存水分的"盐水泡";当包装中过于干燥时,"盐水泡"将向包装内释放水分以保持水果新鲜。该塑料薄膜不仅可以保持包装内水果的相对湿度,还具有一定的透气性,可以将部分水蒸气向外界扩散;同时,该薄膜还可以吸入氧气排出二氧化碳,有助于水果的代谢,保证水果的成熟度。

在植入微小的盐粒后,塑料薄膜虽然不再是透明的,但该塑料薄膜可以与普通塑料薄膜共同使用,制成部分条状透明的包装用塑料薄膜,或在包装底面使用,因此不会影响购买者观察包装内部的水果。

4.8　日本开发出蔬果类农产品高度保鲜运送技术

关键词:电磁波　低温保湿集装箱　保鲜

蔬果类农产品在运输过程中往往会由于微生物侵蚀或水分蒸发而导致食用安全性和品质下降,为解决这一问题,日本九州大学的研究人员新开发出一项高度保鲜技术。

该技术的核心是由电磁波(红外线、紫外线)杀菌装置及纳米喷雾装置组成的运输用低温保湿集装箱。该集装箱可提供一种稳定的低温高湿环境,在用于海上运输时,其保鲜效果与空运相差无几,这使蔬果类农产品的低价大宗运输成为可能。应农产品相关单位的要求,集装箱中的电磁杀菌装置已开始走向实用化,将来普及应用的可能性较高;此外,其纳米喷雾装置也可应用于农产品冷藏库中。

该集装箱的保鲜效果已经在日本博多至香港间的海上运输试验中得到验证。试验证明,它不仅有良好的杀菌效果,而且可有效抑制蔬果类农产品的水分流失。今后,日本将在面向东亚的蔬果类农产品出口中大量使用该集装箱。

4.9 日本开发出在运输中可减少果实损伤的包装容器

关键词:松软果实　损伤　合成树脂

2011 年 9 月,日本九州冲绳农业研究中心与日本一农业公司共同开发出一种果蔬包装容器(图 4-1)。该包装容器能够大幅度减轻草莓等松软果实运输途中的损伤。

该容器由合成树脂制成,容器内侧黏着表面凸凹、具有伸缩性的薄膜。这种薄膜可以保护膜盘,固定果实,防止果实移动或互相碰撞,减轻运输途中果实的损伤。

试验证明,该容器与过去普通的装满式包装相比,能够大幅减轻草莓果实在运输途中的损伤程度。

该包装容器可以直接利用市场上各种表面凸凹的泡沫盘,并且该容器可以放进简易的瓦楞纸箱、信纸袋、简单礼物手袋等,以各种形式售卖。

该包装技术作为草莓和樱桃等松软果实的新型运输方法,研究者们期待今后能扩大其实际利用范围。

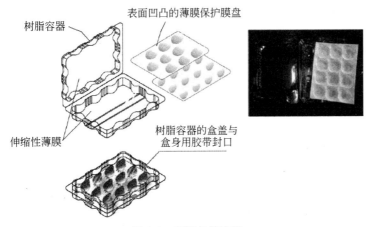

图 4-1　果蔬包装容器

4.10　新型抗缓冲集合式包装法

关键词：重叠　缓冲盖　缓冲垫

草莓等软质水果在运输途中受到振荡或冲击极易损坏，为解决这一问题，日本全国农业协同组合联合会的研究人员最新研究出一种可以有效缓解运输途中振荡和冲击的集合式包装法。

具体来说，就是先将水果放入包装盒，把包装盒排列整齐放入瓦楞纸板箱，纸板箱上部保持敞开状态。将装满水果的包装盒上下重叠排列，并在纸板箱上部和底部分别放入一个起缓冲作用的缓冲盖和缓冲垫，然后用特制的塑料捆扎带将纸板箱与缓冲盖、缓冲垫分别捆扎在一起。缓冲盖需放置在纸板箱最上部的敞口上方（图 4-2），且缓冲盖的弹性常数应小于纸板箱的弹性常数。这种集合式包装法使多个包装盒以及纸板箱成为一个有机的包装整体，在缓冲盖和缓冲垫的作用下有效降低了对内部造成的冲击。

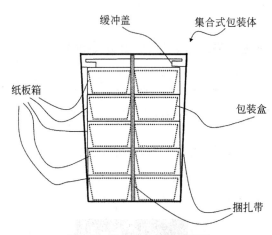

图 4-2　集合式包装体侧面图

这种包装方法简单且成本低廉，大大减少了包装填充材料的使用，特别适用于路况不佳的情况下货车长距离运输易损坏的水果。

4.11　日本利用乙烯去除剂为水果保鲜

关键词：乙烯　成熟度　去除剂

多数未采摘的未成熟水果可以吸收自身散发出的乙烯气体逐步成熟、老化。但是，已收获的未成熟水果在吸收乙烯气体逐渐加深成熟度的同时却会降低新鲜程度。

不同种类水果的乙烯生成量与对乙烯的感受性都大不相同。

有些水果可以自身散发乙烯,有些水果却可以在收获后吸收其他水果散发的乙烯。因此,在包装内放入去除乙烯的物质是保持已收获的未成熟水果新鲜度的重要方法之一。

去除乙烯的方法有很多,有的是在运输或储藏空间内利用空气循环来稀释空气中的乙烯浓度,从而保持水果新鲜,但也可以在包装中加入乙烯去除剂来吸收包装内的乙烯。在日本以外的其他国家,如果同时运输几种未成熟的水果,人们常在运输车或集装箱内装入装有乙烯去除剂的小罐子。但是在日本,人们是将乙烯去除剂装入小袋中,然后与未成熟的水果一起用薄膜进行密封包装。

乙烯去除剂包括大古石(即日本栃木县宇都宫市大谷出产的绿色凝灰岩石材)、沸石、碳酸钙等多孔物质,活性炭等具有吸附作用的物质,过锰酸钾、溴盐以及钯、铁催化剂等可以使乙烯分解的分解剂。

4.12　改进型多孔包装袋

关键词:水分积存　多孔包装袋　防雾

目前,通过在包装薄膜上打孔来调节被包装水果呼吸的方法(即 MA 包装法)是广受欢迎的一种包装方法。但是,水果在经过初步清洗放入包装材料后,会附着多余的水分,并且水果自身由于蒸发也会产生水分,包装袋内就会有水分积存现象,不仅使水果易于腐烂,而且影响美观,现在常用的 MA 包装法也不能根本解决这一问题。

日本住友株式会社新发明出一种多孔包装袋,是对 MA 包装法的一大改进,其最大的创新之处在于可以根据果品大小科学合理地计算出包装袋的打孔数量以及打孔面积,以便在保证包装袋内正常二氧化碳浓度的情况下排出多余的水分。这种多孔包装袋由厚度为 $15\sim150\mu m$ 的合成树脂薄膜构成,其开孔面积大约控制在 $0.3\sim10mm^2$ 左右,开孔数量在 $1\sim20$ 个之间。在包装后的较长时间内,该包装袋可使袋内的氧气浓度和二氧化碳浓度分别控制在 $3\sim18vol\%$ 之间的合理范围,并且在 48 小时后可从包装袋的孔隙中排出相对于水果 $0.5\sim10wt\%$ 的水分。此外,由于该包装袋是由以聚丙乙烯为主要成分的合成树脂薄膜构成,因此具有很好的防雾功能。对于在较高温度下收获的水果,该包装袋可通过真空预冷法及时对其进行低温保存,以保持水果的新鲜程度。

4.13 土壤除草剂含量的简易生物鉴定法

关键词：豌豆 展开 变形

2008 年 8 月 18 日，日本农业和食品产业技术综合研究机构下属中央农业综合研究中心推出了一种利用生物鉴定法鉴定残留在土壤内除草剂浓度的简易方法，内容如下。

除草剂对豌豆生长和发育的影响很大，土壤中残留除草剂的浓度越高，豌豆叶子的展开速度就越小，下部叶子的变形程度就越大，植物整体的生长状况也就越差（图 4-3）。为此，日本研究人员根据豌豆的这个特征来推定残留在土壤中除草剂的浓度。该方法可在 14 天内完成对土壤除草剂浓度的检测。

数值：除草剂相对的浓度

图 4-3 除草剂浓度对豌豆叶子展开的影响

4.14 日本利用高压二氧化碳的除虫技术

关键词：二氧化碳 减压 膨胀

日本农业研究机构开发出利用增加二氧化碳气压对农产品进行杀虫处理的技术，其原理是利用在高压状态下突然减压会使物体膨胀的方法。

这项技术的操作方法是，将农产品放在处理用的容器或者房屋内（温度 25℃），然后通入二氧化碳 10 分钟；将槽内气压升高到 3MPa，持续数分钟后突然减压。由于二氧化碳会渗透到害虫成虫、幼虫的体内及虫卵内部，并不会渗透进谷粒。因此，几乎所有的害虫都会因身体膨胀破裂而死，虫卵也被毁坏，农作物则基本不受影响。与传统方法相比，新技术对环境的破坏和对人体的危害都较小。